TEUBNER-TEXTE zur Informatik   Band 17

A. Muscholl

Über die Erkennbarkeit unendlicher Spuren

TEUBNER-TEXTE zur Informatik

Herausgegeben von
Prof. Dr. Johannes Buchmann, Saarbrücken
Prof. Dr. Udo Lipeck, Hannover
Prof. Dr. Franz J. Rammig, Paderborn
Prof. Dr. Gerd Wechsung, Jena

Als relativ junge Wissenschaft lebt die Informatik ganz wesentlich von aktuellen Beiträgen. Viele Ideen und Konzepte werden in Originalarbeiten, Vorlesungsskripten und Konferenzberichten behandelt und sind damit nur einem eingeschränkten Leserkreis zugänglich. Lehrbücher stehen zwar zur Verfügung, können aber wegen der schnellen Entwicklung der Wissenschaft oft nicht den neuesten Stand wiedergeben.

Die Reihe „TEUBNER-TEXTE zur Informatik" soll ein Forum für Einzel- und Sammelbeiträge zu aktuellen Themen aus dem gesamten Bereich der Informatik sein. Gedacht ist dabei insbesondere an herausragende Dissertationen und Habilitationsschriften, spezielle Vorlesungsskripten sowie wissenschaftlich aufbereitete Abschlußberichte bedeutender Forschungsprojekte. Auf eine verständliche Darstellung der theoretischen Fundierung und der Perspektiven für Anwendungen wird besonderer Wert gelegt. Das Programm der Reihe reicht von klassischen Themen aus neuen Blickwinkeln bis hin zur Beschreibung neuartiger, noch nicht etablierter Verfahrensansätze. Dabei werden bewußt eine gewisse Vorläufigkeit und Unvollständigkeit der Stoffauswahl und Darstellung in Kauf genommen, weil so die Lebendigkeit und Originalität von Vorlesungen und Forschungsseminaren beibehalten und weitergehende Studien angeregt und erleichtert werden können.

TEUBNER-TEXTE erscheinen in deutscher oder englischer Sprache.

Über die Erkennbarkeit unendlicher Spuren

Von Dr. Anca Muscholl

Universität Stuttgart

Springer Fachmedien
Wiesbaden GmbH 1996

Dr. Anca Muscholl

Geboren 1967 in Bukarest, Rumänien. Von 1986 bis 1991 Studium der Informatik mit Nebenfach Mathematik an der Technischen Universität München. Von 1986 bis 1991 Förderung durch die Studienstiftung des Deutschen Volkes. Diplom in Informatik im Herbst 1991. Seit 1991 wissenschaftliche Assistentin am Institut für Informatik der Universität Stuttgart, Abteilung Theoretische Informatik. Promotion Februar 1994. Preis der Freunde der Universität Stuttgart für besondere wissenschaftliche Leistungen (Dissertation). Forschungsaufenthalt an der Universität Bordeaux I im Wintersemester 1995/96.

Forschungsinteressen: Nebenläufigkeit und algebraische Modelle, asynchrone Automaten und Automaten mit unendlichem Verhalten, parallele Komplexitätstheorie und Algorithmen.

Die Deutsche Bibliothek – CIP-Einheitsaufnahme

Muscholl, Anca:
Über die Erkennbarkeit unendlicher Spuren /
von Anca Muscholl. –
Stuttgart ; Leipzig : Teubner, 1996
   (Teubner-Texte zur Informatik ; Bd. 17)
      ISBN 978-3-8154-2067-6   ISBN 978-3-322-95371-1 (eBook)
      DOI 10.1007/978-3-322-95371-1
NE: GT

Umschlaggestaltung: E. Kretschmer, Leipzig

Vorwort

Das Verhalten nebenläufiger Systeme, zusammen mit der Problematik des Entwurfs, der Analyse und der Verifikation verteilter Algorithmen, stellt eine Grundherausforderung an die formalen Methoden der Informatik dar. Eine fundierte Behandlung nebenläufiger Systeme kann jedoch erst in einem formalen Rahmen erfolgen.

Die Theorie der Mazurkiewicz Spuren (engl. Traces) bietet einen einfachen Mechanismus für die Modellierung von Nebenläufigkeit. Ein nebenläufiges System wird dabei abstrahiert zu einer Menge atomarer Aktionen, zusammen mit Paaren von Aktionen, die gleichzeitig ausgeführt werden können. Dieses Konzept wurde z.B. schon von R. Keller in Zusammenhang mit parallelen Programmschemata betrachtet. Populär wurde es jedoch erst Ende der siebziger Jahre als A. Mazurkiewicz es erfolgreich als Modell paralleler Systeme einführte. Die Motivation für Mazurkiewicz – und ein überzeugendes Anwendungsbeispiel – war die Untersuchung des Verhaltens beschrifteter Petri Netze.

Die Theorie endlicher Spuren hat im letzten Jahrzehnt eine ergebnisreiche Entwicklung durchlaufen. Ein umfassender Überblick findet sich im kürzlich herausgegebenen *Book of Traces* [DR95].

Der Übergang zu unendlichen Spuren ist ein natürlicher und notwendiger Schritt, um Eigenschaften ereignisgesteuerter Systeme untersuchen zu können. Das Verhalten eines verteilten Systems wird dabei entweder axiomatisch durch temporale Logik beschrieben, oder aber konstruktiv, durch ein endliches Transitionssystem. Durch Ansätze, die auf partiellen Ordnungen basieren, werden effizientere Verfahren für die Verifikation solcher Systeme angestrebt.

Ein grundlegendes Konzept ist die endliche Kontrollierbarkeit (Erkennbarkeit). Die vorliegende Abhandlung behandelt Erkennbarkeit im Rahmen unendlicher Spuren vorwiegend aus der Sicht asynchroner Automaten. Asynchrone Automaten stellen verteilte, kommunizierende Prozesse mit endlicher Kontrolle dar und ermöglichen die nebenläufige Ausführung unabhängiger Aktionen.

Eine erste automatentheoretische Charakterisierung von erkennbaren Mengen unendlicher Spuren wurde mit nichtdeterministischen asynchronen Büchi Automaten von Gastin und Petit gezeigt. Im Spezialfall der unendlichen Wörter, also der sequentiellen Systeme, besteht durch das Theorem von McNaughton auch eine Charakterisierung mittels deterministischer Automaten, allerdings durch das ausdruckstärkere Modell der Muller Automaten. Damit war die Frage nach der Äquivalenz nichtdeterministischer Büchi und deterministischer Muller Automaten im asynchronen Modell naheliegend und von besonderem Interesse. Wir beantworten diese grundlegende Frage, indem die Klasse der erkennbaren Sprachen unendlicher Spuren durch deterministische asynchrone Muller

Automaten charakterisiert wird und verallgemeinern damit das Theorem von
McNaughton.
Die Komplementierung nichtdeterministischer Büchi Automaten ist bereits im
Fall der unendlichen Wörter ein wichtiges Problem mit interessanten Lösungen.
Wir erweitern in dieser Abhandlung die Methode des Fortschrittsmaßes von
N. Klarlund auf asynchrone Automaten. Voraussetzung war eine Lösung für ei-
nes der offenen Probleme im Bereich endlicher Spuren, genauer eine Potenzauto-
maten-Konstruktion für asynchrone Automaten. Unsere Determinisierungskon-
struktion ergibt zusammen mit den Ideen der Konstruktion von Klarlund ein
direktes Komplementierungsverfahren für asynchrone Büchi Automaten.

Das einleitende Kapitel des vorliegenden Buches gibt eine Einführung in die
Untersuchung unendlicher Objekte am Beispiel von unendlichen Wörtern. Wir
stellen darin eine Übersicht wichtiger Ergebnisse vor, wobei der Schwerpunkt
auf dem automatentheoretischen Teil liegt. Insbesondere dieses erste Kapitel
ist von Übungsaufgaben begleitet und ist damit für eine einführende Vorlesung
geeignet. Die nachfolgenden Kapitel können als Grundlage für Seminare dienen.

Diese Abhandlung entstand aus meiner Dissertation am Lehrstuhl von Professor Volker Diekert an der Fakultät Informatik der Universität Stuttgart. Ich
danke meinen Kollegen der beiden Theorie-Abteilungen für ihr konstantes Interesse an meinen Themen. Insbesondere danke ich Dr. W. Ebinger für eine sehr
gute Zusammenarbeit. Professor Volker Claus danke ich für die Übernahme des
Mitberichts und für die Unterstützung, die er diesem Projekt zukommen ließ.
Im besonderem Maße bin ich Professor Diekert für seine kontinuierliche Unterstützung und für die intensiven Gespräche dankbar, für die er sich sehr viel
Zeit nahm. Als kritischer und aufmerksamer Betreuer hatte er einen großen
Beitrag am Entstehen dieses Buches.
In den Partnern der ESPRIT BRA WG 6317 ASMICS (Algebraic and Syntactic
Methods in Computer Science) habe ich Gesprächspartner gefunden, denen ich
viele Anregungen verdanke. Ein besonderer Dank gebührt Professor J.-E. Pin,
der bereit war, den zweiten Mitbericht zu übernehmen, sowie den Professoren
P. Gastin und A. Petit für die gute Zusammenarbeit.
Mein Dank gilt auch dem Teubner-Verlag für die Bereitschaft, das vorliegende
Werk in die Teubner-Texte aufzunehmen, sowie den Freunden der Universität
Stuttgart, die meine Dissertation für preiswürdig befanden.

Die *erkennbare* und *unendliche* Geduld, die mir Matthias entgegenbringt, hat
dieses Vorhaben im besonderem Maße gefördert.

Stuttgart, im August 1995   Anca Muscholl

Inhalt

Einleitung

Eines der frühesten formalen Modelle für nebenläufige Systeme wurde Anfang der 60'er Jahre von C. A. Petri vorgestellt. Das Modell der Petri Netze basiert auf kooperierende sequentielle Prozesse, die mittels elementarer Kommunikation verteilt arbeiten. Petri Netze stellen auch den Ausgangspunkt der Theorie der Spuren (engl. Traces) dar, die in Zusammenhang mit dem Verhalten beschrifteter, sicherer Petri Netze von A. Mazurkiewicz [Maz77] eingeführt wurde. Die Spurentheorie hat sich seither als geeignetes mathematisches Modell für die Untersuchung paralleler Systeme erwiesen. Das Konzept der Spuren formalisiert auf einfache Art den Kern eines nebenläufigen Systems in Form einer Menge atomarer Aktionen, zusammen mit (statischen) Unabhängigkeitsbeziehungen zwischen Paaren von Aktionen. Diese Struktur führt zu erstmals in der Kombinatorik durch Cartier und Foata untersuchten mathematischen Objekte, den freien, partiell kommutativen Monoiden [CF69].

Die Spezifikation eines gegebenen Systems besteht also aus einer Menge von atomaren Aktionen Σ, zusammen mit einer irreflexiven, symmetrischen Unabhängigkeits- oder Kommutationsrelation $I \subseteq \Sigma \times \Sigma$. Intuitiv betrachtet können unabhängige Aktionen gleichzeitig stattfinden, während abhängige Aktionen zeitlich geordnet werden müssen. Sind zwei Aktionen a, b unabhängig, $(a, b) \in I$, so werden zwei sequentielle Beobachtungen $uabv$ und $ubav$ ($u, v \in \Sigma^*$) miteinander identifiziert. Die Äquivalenzrelation, die durch Gleichungen dieser Art induziert wird, führt zu einer Monoidstruktur, zum Monoid der endlichen Spuren. Mit dieser formalsprachlichen Interpretation sind Spuren Äquivalenzklassen von Wörtern, die mittels Kommutationen ineinander überführt werden können. Diese Sicht entspricht der Darstellung von Nebenläufigkeit durch Interleaving.

Nebenläufigkeit bedeutet jedoch mehr als der Nichtdeterminismus, der dem Ansatz des Interleaving entspricht. Spuren sind in diesem Sinne ein geeignetes Modell, denn sie stellen beschriftete partielle Ordnungen (pomsets) einer gewissen Form dar. Die partielle Ordnung ist dabei festgelegt durch die (statischen) Unabhängigkeitsbeziehungen. Aus dieser Sicht werden Spuren als Abhängigkeitsgraphen angesehen, d.h. als azyklische, beschriftete Graphen mit Kanten zwischen Knoten mit abhängigen Markierungen.

Die Theorie endlicher Spuren hat in den letzten Jahren eine ergebnisreiche Entwicklung durchlaufen, sowohl als Erweiterung der Theorie formaler Sprachen, als auch im Zusammenhang mit anderen Modellen nebenläufiger Systeme, wie z.B. Petri Netze (für einen Überblick sei auf die Monographie [Die90], sowie auf das umfassende und thematisch vielfältige *Book of Traces* [DR95] verwiesen).

Der Übergang zu unendlichen Spuren ist ein natürlicher und notwendiger Schritt, um Eigenschaften von ereignisgesteuerten Systemen wie Lebendigkeit oder Fairneß untersuchen zu können [Kwi89]. Verteilte Systeme, die unter dem Aspekt dieser beiden Eigenschaften betrachtet werden, werden entweder axiomatisch durch temporale Logik beschrieben, oder aber konstruktiv, als Verhalten eines endlichen Transitionssystems [LL90]. Durch Ansätze, die auf partielle Ordnungen basieren, werden effizientere Verfahren für die Verifikation solcher Systeme angestrebt [PP94, GKPP95, DR95]. Die Verwendung partieller Ordnungen erlaubt hier eine kompaktere Darstellung der Zustandsgraphen untersuchter Systeme.

Begrifflich wurden unendliche Spuren als Modell für nichtterminierende, nebenläufige Systeme in verschiedenen Zusammenhängen eingeführt: u.a. für Serialisierungsprobleme in verteilten Datenbanksystemen [FR85] und in der Theorie der Petri Netze [BD87]. Eine erste formale Definition wird erneut Mazurkiewicz [Maz87] zugesprochen, der eine unendliche (reelle) Spur als gerichtete, präfixabgeschlossene Menge endlicher Spuren eingeführt hat. Im Sinne dieser Definition wird eine reelle Spur als Grenzwert ihrer endlichen Präfixe angesehen, d.h. das unendliche Verhalten eines Systems wird durch endliche, beobachtete Anfangsteile approximiert.

Definiert man unendliche Spuren als unendliche Abhängigkeitsgraphen, so entsprechen reelle Spuren den Graphen, die zu einer (unendlichen) Sequenz serialisiert werden können (vgl. das folgende Beispiel, in dem die Spur $(abc)^\omega$ als Hasse-Diagramm dargestellt ist).

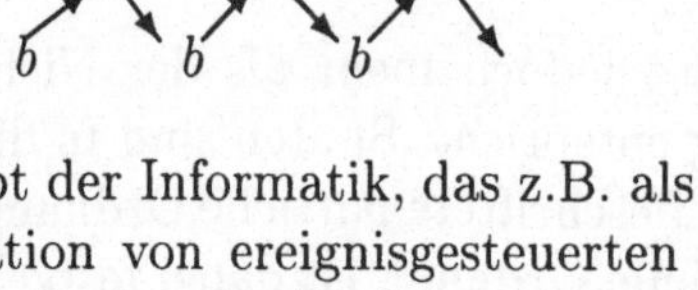

Ein grundlegendes Konzept der Informatik, das z.B. als generisches Modell für Spezifikation und Verifikation von ereignisgesteuerten Systeme dient, ist die endliche Kontrollierbarkeit (Erkennbarkeit). Erkennbare Mengen zeichnen sich durch eine Vielfalt von Charakterisierungen aus, und verbinden verschiedene

Bereiche, wie Logik oder Topologie. So ist beispielsweise die Untersuchung erkennbarer Mengen unendlicher Sequenzen durch Fragen der Logik motiviert gewesen. Büchis Ergebnis über die Äquivalenz zwischen Erkennbarkeit und Definierbarkeit in der monadischen Logik zweiter Stufe S1S [Büc60] wurde im Laufe der Zeit zu anderen Logiken erweitert. Besonders in der temporalen Logik verfolgte man damit das Ziel, effiziente Algorithmen für Programmverifikation zu gewinnen. Eine ausführliche Behandlung erkennbarer Mengen unendlicher Sequenzen erscheint in [PP93, Tho90a].

Erkennbarkeit im Rahmen reeller Spuren wurde erstmals 1989 untersucht [Gas91, BMP90]. Eingeführt wurden erkennbare Mengen [Gas91] mit dem klassischen Ansatz der erkennenden Homomorphismen. Algebraische Charakterisierungen erkennbarer Mengen mittels saturierender Kongruenzen oder c-rationaler Ausdrücke [GPZ91], bestätigten die Adäquatheit der Definition. Das Problem geeigneter Erkennungsmodelle im Sinne endlicher Automaten schien jedoch schwieriger zu sein.

Wünschenswert für eine Charakterisierung mittels Automaten sind die asynchronen Automaten, die von W. Zielonka für die Erkennung endlicher Spuren eingeführt wurden [Zie87]. Asynchrone Automaten sind Automaten mit verteilter Kontrolle und Speicher. Sie stellen Netze autonomer und kooperierender endlicher Automaten dar. Die verteilte endliche Kontrolle erlaubt es, Nebenläufigkeit als parallele Ausführung unabhängiger Aktionen auszudrücken. Damit sind sie ausdrucksstärker als gewöhnliche sequentielle Automaten, die Parallelität lediglich durch Interleaving darstellen, und sie können als verteilte, kommunizierende Prozesse implementiert werden. Darüber hinaus sind sie mächtig genug, um als deterministische Automaten die erkennbaren Sprachen endlicher Spuren erkennen zu können, wie durch das bekannte Theorem von Zielonka gezeigt wird [Zie87, Zie89].

Der Automat der Abb. 0.1 gehört zu einer speziellen Art von asynchronen Automaten, nämlich zu den asynchron-zellulären Automaten. Ihre Funktionsweise kann durch das concurrent-read-owner-write Konzept der P-RAMs umschrieben werden.

Als erste automatentheoretische Charakterisierung wurde von P. Gastin und A. Petit eine lokale Büchi Akzeptanzbedingung vorgeschlagen, mit der die Familie erkennbarer reeller Spursprachen durch nichtdeterministische Automaten charakterisiert werden kann. Dieses Ergebnis verallgemeinerte die Situation der Sprachen unendlicher Wörter auf reelle Spursprachen. Im Wortfall ist für eine Charakterisierung erkennbarer Mengen unendlicher Wörter mittels deterministischer Automaten ein mächtigeres Erkennungsmodell als der Büchi Automat erforderlich, z.B. der Muller Automat. Die Äquivalenz deterministischer

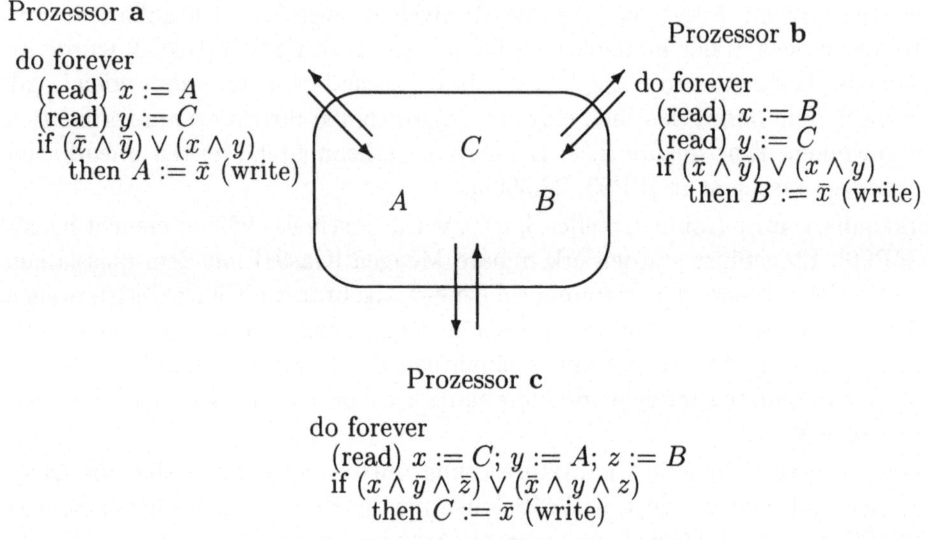

Abbildung 0.1: Die Programme stellen *atomare* Aktionen dar. Die globalen Booleschen Variablen A, B, C werden mit 1 initialisiert. Der Automat erkennt die Spur $(abc)^\omega$.

Muller Automaten und nichtdeterministischer Büchi Automaten im Wortfall wurde sowohl mit algebraischen Ansätzen [Sch73], als auch mit direkten (allerdings aufwendigen) Automaten Konstruktionen (beispielsweise die Konstruktion von S. Safra [Saf88]) gezeigt. Damit war die Frage nach der Äquivalenz nichtdeterministischer Büchi und deterministischer Muller Automaten im asynchronen Modell naheliegend und von besonderem Interesse. Wir beantworten diese grundlegende Frage, indem die Klasse erkennbarer reeller Spursprachen durch deterministische, asynchrone Muller Automaten charakterisiert wird, und verallgemeinern hierdurch das Theorem von McNaughton [McN66] von unendlichen Wörter auf reelle Spuren.

Abschließend geben wir eine inhaltliche Übersicht der vorliegenden Abhandlung.

Das erste Kapitel gibt eine Einführung in die Untersuchung unendlicher Objekte am Beispiel unendlicher Wörter. Wir stellen darin eine Übersicht wichtiger

Erkenntnisse der Theorie der Sprachen unendlicher Wörter vor, die wir in den späteren Kapiteln auf Sprachen unendlicher (reeller) Spuren verallgemeinern. Der Schwerpunkt unserer Betrachtungen liegt auf dem automatentheoretischen Teil der klassischen Ergebnisse. Die Logik, ein wesentlicher Teil der Theorie unendlicher Objekte, die diese Untersuchungen motiviert hat, ist allerdings nicht vertreten hier. Für den Fall unendlicher Wörter ist sie ausführlich in [Tho90a] behandelt, während der Spurfall in [Ebi94, DR95] zu finden ist. Wir behandeln in diesem einführenden Kapitel insbesondere die Determinisierungskonstruktion von S. Safra [Saf88], in der nichtdeterministische Büchi Automaten in äquivalente deterministische Rabin (bzw. Muller) Automaten umgewandelt werden, und dies mit einem optimalen Anstieg der Zustandszahl. Diese Konstruktion ist weniger bekannt aus der Standardliteratur und steht im Kontrast zum Komplementierungsverfahren von N. Klarlund für nichtdeterministische Büchi Automaten, das wir hier direkt für den allgemeineren Fall reeller Spuren betrachten. Insbesondere dieses erste Kapitel ist von Übungsaufgaben begleitet, und ist damit für eine einführende Vorlesung geeignet.

Kapitel 2 führt in die Grundbegriffe der Spuren ein, zusammen mit einer Zusammenfassung der wichtigsten Eigenschaften asynchroner Automaten. Der Schwerpunkt liegt dabei auf dem Spezialfall des asynchron-zellulären Automaten. Die Konstruktion von Zielonka wird in ihren Grundzügen vorgestellt, wobei wir in Kapitel 5 auf technische Einzelheiten näher eingehen. Abschließend werden erkennbare reelle Spursprachen eingeführt.

Kapitel 3 ist dem Beweis des Theorems von McNaughton [McN66] für reelle Spursprachen gewidmet. Dabei folgen wir dem Beweis von Schützenberger [Sch73], so wie er in [PP93] vereinfacht vorgestellt wird. Wir definieren deterministische reelle Spursprachen und zeigen, daß die Klasse der erkennbaren reellen Spursprachen mit dem Booleschen Abschluß der Klasse deterministischer Sprachen übereinstimmt. In einem zweiten (im Gegensatz zu ω-Sprachen) nichttrivialen Teil, werden deterministische asynchron-zelluläre Muller Automaten für die Erkennung deterministischer reeller Spursprachen angegeben.

Deterministische reelle Spursprachen stellen auch das Thema von Kapitel 4 dar. Zunächst geben wir eine kurze Begründung der Definition. Anschließend charakterisieren wir diese Sprachklasse mittels deterministischer I-Diamant Büchi Automaten mit erweiterter Akzeptanzbedingung. I-Diamant Automaten entsprechen sequentiellen Automaten, die Unabhängigkeit in Form von Interleaving ausdrücken.

Die Komplementierung nichtdeterministischer Büchi Automaten ist bereits im Fall der Sprachen unendlicher Wörter ein wichtiges Problem mit interessanten und ästhetischen Lösungen. In Kapitel 5 erweitern wir die Komplementierungskonstruktion von Klarlund [Kla91] auf asynchrone (-zelluläre) Automaten. Voraussetzung war eine Lösung für eines der offenen Probleme der Theorie endlicher Spuren, und zwar eine Potenzautomaten-Konstruktion für asynchrone Automaten. Diese Determinisierungskonstruktion ergibt zusammen mit den Ideen der Konstruktion von Klarlund ein Komplementierungsverfahren für asynchrone Büchi Automaten, das dieselbe Komplexität vorweist wie die Determinisierung (superexponentiell).

In Kapitel 6 gehen wir auf eine Unterklasse erkennbarer reeller Spursprachen ein, und zwar auf die sternfreien Sprachen. Wir verallgemeinern eine bekannte Charakterisierung der Sternfreiheit indem wir zeigen, daß sie mit der Aperiodizität des syntaktischen Monoids übereinstimmt.

Kapitel 7 behandelt schließlich einige algorithmische Überlegungen bezüglich dem Abgeschlossenheitsproblem für I-Diamant Automaten. Es werden Kriterien für die Abgeschlossenheit der Sprachen angegeben, die von (sequentiellen) Büchi und Muller Automaten mit der I-Diamant Eigenschaft akzeptiert werden. Wir zeigen, daß die Kriterien für gewisse Komplexitätsklassen vollständig sind.

Zusammenfassend zeigt diese Abhandlung, daß wesentliche Ergebnisse der Theorie der Sprachen unendlicher Wörter eine natürliche Erweiterung für reelle Spursprachen haben.

Kapitel 1

Erkennbarkeit und unendliche Wörter

Das vorliegende Kapitel gibt eine Einführung in die Untersuchung unendlicher Objekte am Beispiel unendlicher Wörter. Wir stellen darin eine Übersicht wichtiger Ergebnisse der Theorie der ω-Sprachen vor, die wir in den späteren Kapitel auf Sprachen unendlicher Spuren verallgemeinern. Wir haben den Schwerpunkt auf den automatentheoretischen Teil gelegt. Die Verallgemeinerungen für Spuren erfordern durch die Verwendung von Automaten mit verteilter Kontrolle zusätzliche Konzepte. Durch die Einschränkung auf Wörter möchten wir zunächst die wesentlichen Ideen in ihrer einfacheren Form erläutern. Insbesondere behandeln wir hier die Determinisierungskonstruktion von S. Safra [Saf88], in der nichtdeterministische Büchi Automaten in äquivalente deterministische Rabin (bzw. Muller) Automaten umgewandelt werden, und dies mit einem optimalen Anstieg der Zustandszahl. Diese Konstruktion ist weniger bekannt aus der Standardliteratur und steht im Kontrast zum Komplementierungsverfahren von N. Klarlund für Büchi Automaten. Wir beschreiben das Verfahren von Klarlund in Kapitel 5 für den allgemeineren Fall der reellen Spuren, wo wir asynchrone Büchi Automaten behandeln.

Die Logik, die diese Untersuchungen motiviert hat, ist allerdings nicht vertreten hier. Wir verweisen dafür auf [Tho90a], wo ein umfassender Überblick über die Theorie unendlicher Wörter und Bäume gegeben wird.

1.1 Büchi Automaten

Die Betrachtung regulärer Mengen von ω-Wörter geht zurück auf Arbeiten von J.R. Büchi [Büc60] über die Entscheidbarkeit eines Systems monadischer Logik zweiter Stufe, worin Eigenschaften von Folgen formuliert werden können (*sequential calculus*, S1S). Seine Ergebnisse gaben eine operationelle Interpretation für die S1S Logik, indem sie die Äquivalenz zu einem geeigneten Automatenmodell zeigten. Ein Büchi Automat erweitert das Modell des endlichen Automaten, und besteht aus einem (endlichen) Transitionssystem, zusammen mit einer für ω-Wörter geeigneten Akzeptanzbedingung, der Büchi Bedingung. Sei Σ ein Alphabet, dann bezeichnen wir für $n \geq 0$ mit Σ^n bzw. $\Sigma^{\geq n}$ die Menge der endlichen Wörter der Länge n bzw. größer oder gleich n über Σ. Mit Σ^ω bezeichnen wir die Menge der unendlichen Wörter über Σ. Es sei $\Sigma^\infty = \Sigma^* \cup \Sigma^\omega$ die Menge der endlichen und unendlichen Wörter. Für $a \in \Sigma$, $w \in \Sigma^\infty$ bezeichnet $|w|_a$ die Anzahl der Vorkommen von a in w.

Für eine Menge K sei $\mathcal{P}(K)$ die Potenzmenge von K, bzw. $|K|$ die Kardinalität von K. Sei $P(n)$ eine Eigenschaft, $n \in \mathbf{N}$, dann bedeutet $\exists^\infty n : P(n)$, daß $P(n)$ für unendlich viele n gilt.

Definition 1.1.1 *Ein* Büchi Automat *über dem Alphabet* Σ *ist ein Tupel* $\mathcal{A} = (Q, \Sigma, \delta, q_0, F)$, *wobei* Q *die endliche Zustandsmenge,* $q_0 \in Q$ *den Anfangszustand,* $F \subseteq Q$ *die Menge der Endzustände und* $\delta \subseteq Q \times \Sigma \times Q$ *die Transitionsrelation darstellt.*

Eine Berechnung *von* $\mathcal{A}$ *auf* $w = a_0 a_1 \ldots \in \Sigma^\omega$, $a_n \in \Sigma$, *ist eine Abbildung* $r : \mathbf{N} \to Q$ *mit* $r(0) = q_0$ *und* $(r(n), a_n, r(n+1)) \in \delta$ *für alle* $n \geq 0$.

Mit $R_\mathcal{A}(w)$ *sei die Menge der Berechnungen von* $\mathcal{A}$ *auf* $w \in \Sigma^\omega$ *bezeichnet.*

Eine Berechnung $r \in R_\mathcal{A}(w)$ *heißt akzeptierend, wenn für* $\inf(r) := \{q \in Q \mid \exists^\infty n : r(n) = q\}$ *gilt:*

$$\inf(r) \cap F \neq \emptyset.$$

Ein Wort $w \in \Sigma^\omega$ *wird von* $\mathcal{A}$ *akzeptiert, wenn eine akzeptierende Berechnung* $r \in R_\mathcal{A}(w)$ *existiert.*

Sei $L(\mathcal{A}) = \{w \in \Sigma^\omega \mid \mathcal{A}$ *akzeptiert* $w\}$ *die von* $\mathcal{A}$ *erkannte Sprache und* $\mathrm{Rec}(\Sigma^\omega)$ *die Menge der erkennbaren* ω-*Sprachen über* Σ.

Beispiel 1.1.2 Für $w \in \Sigma^\omega$ gilt $\{w\} \in \mathrm{Rec}(\Sigma^\omega)$ genau dann, wenn $u, v \in \Sigma^+$ existieren mit $w = uvvv\ldots$ (d.h., w ist schließlich periodisch). Denn für jeden Automaten $\mathcal{A} = (Q, \Sigma, \delta, q_0, F)$ mit $L(\mathcal{A}) = \{w\}$ existiert ein Endzustand $f \in F$, zusammen mit Pfaden in $\mathcal{A}$ von q_0 (bzw. f) nach f. Gilt also $f \in \delta(q_0, u)$, sowie $f \in \delta(f, v)$, so folgt $w = uvvv\ldots \in L(\mathcal{A}) = \{w\}$ (siehe Abb. 1.1).

Übung 1 *1. Geben Sie einen Büchi Automaten* $\mathcal{A}$ *über* $\Sigma = \{a, b, c\}$ *an, mit*

$$L(\mathcal{A}) = \{w \in \Sigma^\omega \mid |w|_a = \infty, |w|_c < \infty, \text{ und}$$
$$\text{zwischen je zwei } a \text{ in } w \text{ liegt eine ungerade Zahl von } b \text{ oder } c\}.$$

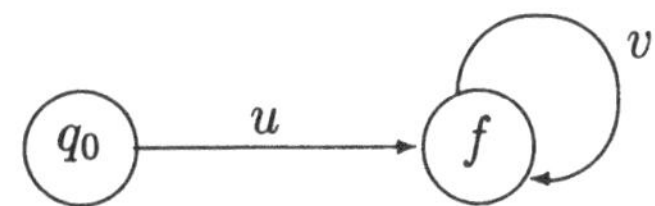

Abbildung 1.1: $L(\mathcal{A}) = \{uv^\omega\}$.

2. *Für einen nichtdeterministischen, endlichen Automaten $\mathcal{A} = (Q, \Sigma, \delta, q_0, F)$ sei $L_{\text{fin}}(\mathcal{A}) \subseteq \Sigma^*$ die akzeptierte Sprache endlicher Wörter, d.h., $L_{\text{fin}}(\mathcal{A}) = \{w \in \Sigma^* \mid \delta(q_0, w) \cap F \neq \emptyset\}$. Mit $L(\mathcal{A})$ bezeichnen wir weiterhin die Sprache, die vom Büchi Automaten $\mathcal{A}$ erkannt wird.*

Zeigen Sie für Automaten $\mathcal{A}_i$, $i = 1, 2$:

   a) $L(\mathcal{A}_1) = L(\mathcal{A}_2) \;\not\Rightarrow\; L_{\text{fin}}(\mathcal{A}_1) = L_{\text{fin}}(\mathcal{A}_2)$

   b) $L_{\text{fin}}(\mathcal{A}_1) = L_{\text{fin}}(\mathcal{A}_2) \;\not\Rightarrow\; L(\mathcal{A}_1) = L(\mathcal{A}_2)$

   c) Sind $\mathcal{A}_1$ und $\mathcal{A}_2$ beide deterministisch, so gilt: $L_{\text{fin}}(\mathcal{A}_1) = L_{\text{fin}}(\mathcal{A}_2) \Rightarrow L(\mathcal{A}_1) = L(\mathcal{A}_2)$.

   Gilt auch die Umkehrung in diesem Fall?

Ist für $\mathcal{A} = (Q, \Sigma, \delta, q_0, F)$ die Übergangsrelation δ eine Abbildung, so heißt $\mathcal{A}$ deterministisch. Anders als für endliche Wörter stellt Determinismus für Büchi Automaten eine Einschränkung der Ausdrucksstärke dar. Für $|\Sigma| \geq 2$ und $a \in \Sigma$ wird beispielsweise die Sprache $\text{Fin}(a) := \{w \in \Sigma^\omega \mid |w|_a < \infty\}$ durch den folgenden Büchi Automaten nichtdeterministisch erkannt:

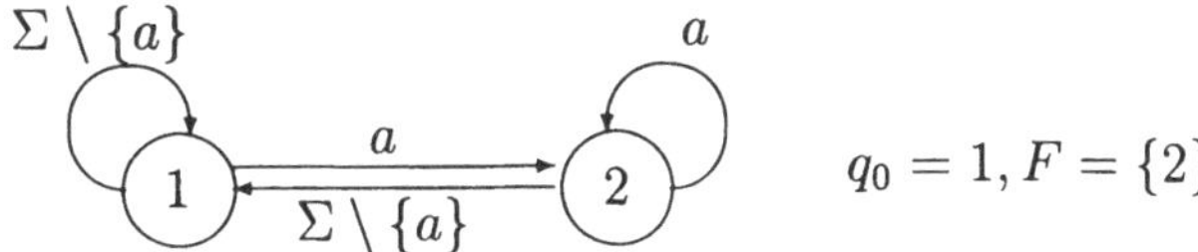

Wie wir jedoch später sehen werden, existiert kein deterministischer Büchi Automat, der $\text{Fin}(a)$ erkennt. Das Komplement $\text{Inf}(a) := \Sigma^\omega \setminus \text{Fin}(a)$ läßt sich hingegen deterministisch erkennen:

Übung 2 *1. Sei Σ ein Alphabet, $a, b \in \Sigma$, $a \neq b$. Wir bezeichnen einen nichtdeterministischen, endlichen Automaten $\mathcal{A} = (Q, \Sigma, \delta, q_0, F)$ als $\{a, b\}$-Diamant, wenn für alle $p, q \in Q$ gilt:*

$$q \in \delta(p, ab) \iff q \in \delta(p, ba).$$

a) Geben Sie einen Automaten $\mathcal{A}$ über Σ an, der $\{a, b\}$-Diamant ist und folgende Sprache akzeptiert:

$$\mathrm{Inf}(a, b) := \{w \in \Sigma^\omega \mid |w|_a = |w|_b = \infty\}.$$

b) Zeigen Sie, daß kein deterministischer Automat existiert, der zugleich $\{a, b\}$-Diamant ist und $\mathrm{Inf}(a, b)$ akzeptiert.

Analog zum Begriff der rationalen Ausdrücke in Σ^* betrachten wir in Σ^∞ die rationalen Operationen $\cup$ (Vereinigung), $\cdot$ (Konkatenation), $*$ (Kleene Iteration) und zusätzlich die ω-Iteration: Für $L \subseteq \Sigma^+$ seien

$$\begin{aligned}
L^* &= \cup_{n \geq 0} L^n \subseteq \Sigma^*, \text{ und} \\
L^\omega &= \{u_0 u_1 \ldots \mid u_n \in L, \forall n \geq 0\} \subseteq \Sigma^\omega.
\end{aligned}$$

Die Konkatenation auf Σ^∞ ist partiell definiert für $L \subseteq \Sigma^*$, $K \subseteq \Sigma^\infty$ durch $LK = \{uv \mid u \in L, v \in K\}$.

Mit diesen Operationen läßt sich die Menge $\mathrm{Rat}(\Sigma^\infty)$ der rationalen Sprachen von endlichen und unendlichen Wörtern über Σ als die kleinste Familie von Sprachen aus Σ^∞ erklären, die $\emptyset$ und $\{a\}$, für alle $a \in \Sigma$, enthält, und unter den Operationen $\cup$, $\cdot$, Kleene- und ω-Iteration abgeschlossen ist.

Beispielsweise gilt $\mathrm{Fin}(a) \in \mathrm{Rat}(\Sigma^\infty)$ mittels $\mathrm{Fin}(a) = \Sigma^* (\Sigma \setminus \{a\})^\omega$. Das Komplement $\mathrm{Inf}(a) = \Sigma^\omega \setminus \mathrm{Fin}(a)$ ist ebenfalls in $\mathrm{Rat}(\Sigma^\infty)$, mittels $\mathrm{Inf}(a) = (\Sigma^* a)^\omega$. Wir werden allgemeiner zeigen, daß $\mathrm{Rat}(\Sigma^\infty)$ eine Boolesche Algebra bildet. Dafür zeigen wir zunächst:

Satz 1.1.3 *Es gilt:*

$$\mathrm{Rat}(\Sigma^\infty) \cap \Sigma^\omega = \mathrm{Rec}(\Sigma^\omega).$$

Desweiteren läßt sich jede erkennbare Sprache $L \in \mathrm{Rec}(\Sigma^\omega)$ als endliche Vereinigung $L = \cup_{\mathrm{fin}} M N^\omega$ darstellen, wobei $M, N \subseteq \Sigma^+$ reguläre Mengen sind und $N^+ = N$ gilt.

Beweis: Sei $\mathcal{A} = (Q, \Sigma, \delta, q_0, F)$ ein Büchi Automat mit $L(\mathcal{A}) = L$. Mit $L_{p,q} := \{w \in \Sigma^+ \mid q \in \delta(p, w)\}$, $p, q \in Q$, läßt sich L gemäß Def. 1.1.1 darstellen als

$$L = \bigcup_{f \in F} L_{q_0, f} L_{f, f}^\omega$$

womit der untere Teil der Behauptung, sowie $\mathrm{Rec}(\Sigma^\omega) \subseteq \mathrm{Rat}(\Sigma^\infty) \cap \Sigma^\omega$ gezeigt ist.

Für die Rückrichtung zeigt man, daß $\mathrm{Rec}(\Sigma^\omega)$ unter Vereinigung und Konkatenation (von links mit einer regulären Sprache $L \subseteq \Sigma^*$) abgeschlossen ist, sowie die ω-Iteration von regulären Mengen $L \subseteq \Sigma^+$ enthält. Dies sei dem Leser zur Übung überlassen. $\qquad\Box$

Übung 3 *Zeigen Sie, daß* $\mathrm{Rec}(\Sigma^\omega)$ *unter Vereinigung und Konkatenation abgeschlossen ist, und* L^ω *enthält, wobei* $L \subseteq \Sigma^+$ *regulär ist.*

Bemerkung Aufgrund von Satz 1.1.3 bezeichnen wir $\mathrm{Rec}(\Sigma^\omega)$ auch als Menge der *regulären* ω-Sprachen.

Im folgenden zeigen wir den Abschluß von $\mathrm{Rec}(\Sigma^\omega)$ unter Komplementbildung mit einem Argument, das auf einer weiteren, algebraischen Charakterisierung von Erkennbarkeit beruht.

Definition 1.1.4 *Sei S eine endliche Halbgruppe und $h : \Sigma^+ \to S$ ein Halbgruppen-Homomorphismus.*
Eine Sprache $L \subseteq \Sigma^\omega$ wird von h erkannt, wenn für alle $u_n, v_n \in \Sigma^+$ mit $h(u_n) = h(v_n)$, $n \geq 0$, gilt:

$$u_0 u_1 \ldots \in L \iff v_0 v_1 \ldots \in L.$$

Übung 4 *Sei $U = \{0,1\}$ mit $0 \cdot 0 = 0 \cdot 1 = 1 \cdot 0 = 0$, $1 \cdot 1 = 1$. Bestimmen Sie einen Homomorphismus $h : \Sigma^+ \to U$, der $\mathrm{Inf}(a)$ (und $\mathrm{Fin}(a)$) erkennt.*

Für einen Homomorphismus $h : \Sigma^+ \to S$ mit endlichem S und einer beliebigen Faktorisierung $w = w_0 w_1 \ldots$, $w_n \in \Sigma^+$, läßt sich w umfaktorisieren als $w = w_0' w_1' \ldots$, mit $h(w_0') = s$ und $h(w_n') = e$, $n \geq 1$, wobei $se = s$ und $e^2 = e$ in S gelten. Wir erreichen dies leicht mittels der folgenden Formulierung des Satzes von Ramsey (für den abzählbaren Fall):

Satz 1.1.5 (Ramsey) *Sei K_∞ der vollständige Graph mit abzählbar-unendlicher Knotenmenge, dessen Kanten mit Farben aus einer endlichen Menge gefärbt sind.*
Dann existiert ein vollständiger, unendlicher Untergraph K so, daß alle Kanten in K dieselbe Farbe tragen.

Im vorliegenden Fall sei für $w = w_0 w_1 \ldots$ die Farbe der Kante ij, $i < j$, das Halbgruppenelement $h(w_{i+1} \cdots w_j)$. Mit dem Satz von Ramsey existieren $e \in S$ und eine Indexfolge $i_0 < i_1 < \cdots$ so, daß $h(w_{i_j+1} \cdots w_{i_k}) = e$ für alle $j < k$ gilt. Dies hat $e^2 = e$ zur Folge, und wir setzen $s = h(w_0 \cdots w_{i_1}) = h(w_0 \cdots w_{i_0})e$. Daraus folgt auch $se = s$.

Mit dieser Bemerkung läßt sich jede Sprache $L \subseteq \Sigma^\omega$, die von einem Homomorphismus $h : \Sigma^+ \to S$ erkannt wird, als

$$L = \bigcup_{(s,e) \in P_L} h^{-1}(s) h^{-1}(e)^\omega$$

darstellen, wobei

$$
\begin{aligned}
P_L \;&=\; \{(s,e) \in S^2 \mid se = s, e^2 = e, L \supseteq h^{-1}(s) h^{-1}(e)^\omega \neq \emptyset\} \\
&\overset{1.1.4}{=}\; \{(s,e) \in S^2 \mid se = s, e^2 = e, h^{-1}(s) h^{-1}(e)^\omega \cap L \neq \emptyset\}.
\end{aligned}
$$

Satz 1.1.6 *Es gilt: $L \subseteq \Sigma^\omega$ ist genau dann erkennbar, wenn eine endliche Halbgruppe S und ein Homomorphismus $h : \Sigma^+ \to S$ so existieren, daß L von h erkannt wird.*

Beweis: Mit Satz 1.1.3 genügt es, für eine Sprache $L \in \mathrm{Rec}(\Sigma^\omega)$ einen erkennenden Homomorphismus $h : \Sigma^+ \to S$ zu bestimmen. Sei dazu $\mathcal{A} = (Q, \Sigma, \delta, q_0, F)$ ein Büchi Automat mit $L(\mathcal{A}) = L$. Für $q, q' \in Q$, $u \in \Sigma^+$ verwenden wir die Bezeichnung $q' \in \delta_F(q, u)$, falls ein Pfad $q = q_0, a_0, q_1, \ldots, a_n, q_{n+1} = q'$ mit $(q_i, a_i, q_{i+1}) \in \delta$, $u = a_0 \cdots a_n$ so existiert, daß $F \cap \{q_i \mid 0 \leq i \leq n+1\} \neq \emptyset$. Dann läßt sich eine Äquivalenzrelation $\sim_{\mathcal{A}} \subseteq \Sigma^+ \times \Sigma^+$ definieren, durch

$$
\begin{aligned}
u \sim_{\mathcal{A}} v \quad &\Longleftrightarrow \quad \forall q, q' \in Q: \\
&\qquad q' \in \delta(q, u) \Leftrightarrow q' \in \delta(q, v), \text{ und} \\
&\qquad q' \in \delta_F(q, u) \Leftrightarrow q' \in \delta_F(q, v).
\end{aligned}
$$

Es ist leicht zu sehen, daß $\sim_{\mathcal{A}}$ eine Kongruenz (mit endlichem Index) ist, und daß $L(\mathcal{A})$ durch den kanonischen Homomorphismus $h : \Sigma^+ \to \Sigma^+/\sim_{\mathcal{A}}$ erkannt wird. $\qquad \square$

Wird eine erkennbare Sprache $L \subseteq \Sigma^\omega$ von einem Homomorphismus $h : \Sigma^+ \to S$ erkannt, so ist nach Def. 1.1.4 leicht zu sehen, daß die Komplementsprache $\Sigma^\omega \setminus L$ ebenfalls von h erkannt wird, und damit regulär ist. Diese Eigenschaft, zusammen mit der Kongruenz $\sim_{\mathcal{A}}$ zu einem Büchi Automaten $\mathcal{A}$, ergibt das Komplementierungsverfahren von Büchi [Büc60]:

Korollar 1.1.7 $\mathrm{Rec}(\Sigma^\omega)$ *ist abgeschlossen unter Komplementbildung.*

Übung 5 *1. Für einen Büchi Automaten $\mathcal{A}$ mit n Zuständen sei $\bar{\mathcal{A}}$ der gemäß dem Verfahren von Büchi konstruierte Automat mit $L(\bar{\mathcal{A}}) = \Sigma^\omega \setminus L(\mathcal{A})$.*

Zeigen Sie, daß die Zustandsanzahl von $\bar{\mathcal{A}}$ in $2^{O(n^2)}$ liegt.

2. Zeigen Sie: Sind $L, K \subseteq \Sigma^\omega$ erkennbare Sprachen und es gilt für alle $u, v \in \Sigma^+$: $uv^\omega \in L \Leftrightarrow uv^\omega \in K$, so folgt daraus $L = K$.

Unter den Kongruenzen $\sim \subseteq \Sigma^+ \times \Sigma^+$ mit der Eigenschaft, daß der zugehörige Homomorphismus $h : \Sigma^+ \to \Sigma^+ / \sim$ eine gegebene Sprache $L \subseteq \Sigma^\omega$ erkennt, befindet sich eine kanonische Kongruenz, die von A. Arnold eingeführte *syntaktische Kongruenz* $\sim_L$ [Arn85]. Für $u, v \in \Sigma^+$ sei

$$u \sim_L v \iff \forall x, y, z \in \Sigma^* :$$
$$xuyz^\omega \in L \Leftrightarrow xvyz^\omega \in L, \text{ und}$$
$$x(uy)^\omega \in L \Leftrightarrow x(vy)^\omega \in L.$$

Satz 1.1.8 *Es gilt: $L \subseteq \Sigma^\omega$ ist genau dann erkennbar, wenn die syntaktische Kongruenz $\sim_L$ einen endlichen Index hat und der zugehörige Homomorphismus $h : \Sigma^+ \to \Sigma^+ / \sim_L$ die Sprache L erkennt. Weiterhin ist $\sim_L$ die gröbste Kongruenz mit dieser Eigenschaft.*

Beweis: Die letzte Behauptung ist eine leichte Folgerung der Def. 1.1.4 und der Definition von $\sim_L$. Da für einen Büchi Automaten $\mathcal{A}$ mit $L(\mathcal{A}) = L$ die Kongruenz $\sim_\mathcal{A}$ endlichen Index hat, folgt dies auch für $\sim_L$.
Betrachte nun zwei Folgen $(u_n)_{n \geq 0}, (v_n)_{n \geq 0} \subseteq \Sigma^+$ mit $u_n \sim_L v_n$, $n \geq 0$. Sei $u_0 u_1 \ldots \in L = L(\mathcal{A})$. Da $\sim_\mathcal{A}$ endlichen Index hat, existieren mit dem Satz von Ramsey eine Indexfolge $i_0 < i_1 < \cdots$ und $z, z' \in \Sigma^+$ mit $u_{i_n+1} \cdots u_{i_m} \sim_\mathcal{A} z$ und $v_{i_n+1} \cdots v_{i_m} \sim_\mathcal{A} z'$, für alle $0 \leq n < m$. Daraus folgt zunächst $u_0 u_1 \cdots u_{i_0} z^\omega \in L$. Beachte auch, daß $z \sim_L z'$ gilt, da $\sim_\mathcal{A}$ eine Verfeinerung von $\sim_L$ ist. Es folgt mit der Definition der syntaktischen Kongruenz: $v_0 v_1 \cdots v_{i_0} z'^\omega \in L$. Schließlich erhalten wir mit $z' \sim_\mathcal{A} v_{i_n+1} \cdots v_{i_n+1}$, $n \geq 0$, auch $v_0 v_1 \ldots \in L(\mathcal{A}) = L$. $\square$

Bemerkung Für die Erkennbarkeit einer Sprache $L \subseteq \Sigma^\omega$ genügt es nicht, wenn $\sim_L$ einen endlichen Index hat. Betrachte z.B. für $w \in \Sigma^\omega$ die Sprache $\{w\}$. Ist w nicht schließlich periodisch (d.h., von der Form uv^ω für $u, v \in \Sigma^+$), so kann man leicht sehen, daß gilt: $|\Sigma^+ / \sim_L| = 1$. Darüber hinaus ist in diesem Fall $\{w\} \notin \mathrm{Rec}(\Sigma^\omega)$, denn jede erkennbare Sprache enthält mindestens ein schließlich periodisches Wort.

1.2 Determinismus und der Satz von McNaughton

In diesem Abschnitt sind wir an der Beziehung zwischen Determinismus und Erkennbarkeit in Σ^ω interessiert. Wie früher schon angedeutet, sind deterministische Büchi Automaten zu schwach, um $\mathrm{Rec}(\Sigma^\omega)$ charakterisieren zu können. Für $L \subseteq \Sigma^+$ enthalte $\overrightarrow{L}$ alle Wörter, die unendlich viele Präfixe in L haben:

$$\overrightarrow{L} = \{a_0 a_1 \ldots \in \Sigma^\omega \mid a_n \in \Sigma,\ \exists^\infty n : a_0 \cdots a_n \in L\}.$$

Genauer gilt für jede ω-Sprache, die von einem deterministischen Büchi Automaten $\mathcal{A}$ erkannt wird: $L(\mathcal{A}) = \overrightarrow{L}$, wobei $L = L_{\mathrm{fin}}(\mathcal{A}) \cap \Sigma^+$ genau die endlichen nichtleeren Wörter enthält, die der endliche Automat $\mathcal{A}$ (durch Erreichen eines Endzustands) akzeptiert. Umgekehrt existiert zu jeder Sprache $\overrightarrow{L}$ mit $L \subseteq \Sigma^+$ regulär, ein deterministischer Büchi Automat. Eine Sprache der Form $\overrightarrow{L}$, mit $L \subseteq \Sigma^+$ regulär, wird als *deterministische* Sprache bezeichnet.

Beispiel 1.2.1 Sei $\mathrm{Inf}(a,b) = \{w \in \Sigma^\omega \mid |w|_a = |w|_b = \infty\}$, mit $a, b \in \Sigma$, $a \neq b$. Mittels $\mathrm{Inf}(a,b) = \overrightarrow{L}$, mit $L = \Sigma^* a (\Sigma \setminus \{b\})^* b$, ist $\mathrm{Inf}(a,b)$ eine deterministische Sprache.

Andererseits ist leicht zu sehen, daß beispielsweise $\mathrm{Suff}(w) = \{v \in \Sigma^\omega \mid \exists x, y \in \Sigma^*,\ z \in \Sigma^\omega : w = xz, v = yz\}$, mit $w = (ab)^\omega$, nicht die Form $\overrightarrow{L}$, mit regulärem $L \subseteq \Sigma^+$, haben kann. Denn sonst würden wir eine Folge $(w_n)_{n \geq 0} \subseteq \Sigma^+$ mit $w_0 \cdots w_n \in L$, $n \geq 0$, so definieren können, daß $w' := w_0 w_1 \ldots \notin \mathrm{Suff}(w)$ gilt. Seien $w_0, \ldots, w_n$ bereits definiert, und betrachte $w_0 \cdots w_n abb(ab)^\omega \in \mathrm{Suff}(w)$. Mit $\mathrm{Suff}(w) = \overrightarrow{L}$ existiert $v \in L$ mit $w_0 \cdots w_n abb < v$. Sei w_{n+1} so, daß $v = w_0 \cdots w_{n+1}$. Nach Konstruktion gilt dann $w' \notin \mathrm{Suff}(w)$.

Ähnlich kann gezeigt werden, daß $\mathrm{Fin}(a)$ nicht deterministisch ist.

Eine geeignete Akzeptanzbedingung für deterministische Automaten, die mächtig genug ist, um $\mathrm{Rec}(\Sigma^\omega)$ zu charakterisieren, wurde von D.E. Muller vorgeschlagen [Mul63]. Die Muller Bedingung gibt explizit an, welche Zustände unendlich oft durchlaufen werden müssen. McNaughton zeigte anschließend eines der grundlegenden Ergebnisse der Theorie der ω-Wörter, daß nichtdeterministische Büchi Automaten und deterministische Muller Automaten gleichmächtig sind [McN66].

Die ursprüngliche Determinisierungskonstruktion von McNaughton ([McN66], siehe [Tho90a]) wandelt einen Büchi Automaten in einen äquivalenten deterministischen Automaten um, wobei die Anzahl der Zustände doppelt-exponentiell ansteigt. Die resultierende Akzeptanzbedingung ist ein Spezialfall der Muller Bedingung und wurde später von M.O. Rabin in Zusammenhang mit Automaten über unendliche Bäume [Rab69] formal eingeführt.

Definition 1.2.2 *Sei* $\mathcal{A} = (Q, \Sigma, \delta, q_0, \mathcal{T})$ *ein endlicher Automat über* Σ*, wobei* Q *die endliche Zustandsmenge,* $q_0 \in Q$ *den Anfangszustand,* $\delta \subseteq Q \times \Sigma \times Q$ *die Transitionsrelation und* $\mathcal{T}$ *die Akzeptanzbedingung (Tafel) darstellt.*
Die Muller *Bedingung ist gegeben als* $\mathcal{T} \subseteq \mathcal{P}(Q)$*.*
Die Rabin *Bedingung ist gegeben als* $\mathcal{T} = \{(L_i, U_i) \mid 1 \leq i \leq h\}$*, mit* $L_i, U_i \subseteq Q$*.*
Eine Berechnung $r \in R_{\mathcal{A}}(w)$ *auf* $w \in \Sigma^\omega$ *wird mit der Muller Bedingung akzeptiert, wenn gilt:*

$$\inf(r) \in \mathcal{T} \, .$$

Eine Berechnung $r \in R_{\mathcal{A}}(w)$ *wird mit der Rabin Bedingung akzeptiert, wenn für ein* $i \in \{1, \ldots, h\}$ *gilt:*

$$\inf(r) \cap L_i \neq \emptyset \quad und \quad \inf(r) \cap U_i = \emptyset \, .$$

Die vom Muller (bzw. Rabin) Automaten $\mathcal{A}$ *akzeptierte Sprache* $L(\mathcal{A})$ *enthält genau die Wörter* $w \in \Sigma^\omega$*, für die eine akzeptierende Berechnung* $r \in R_{\mathcal{A}}(w)$ *existiert.*

Die Rabin Bedingung spezifiziert also die „guten" und die „schlechten" Zustände (L_i bzw. U_i). Eine Rabin Bedingung $\mathcal{T} = \{(L_i, U_i) \mid 1 \leq i \leq h\}$ ist leicht als Spezialfall der Muller Bedingung zu sehen, und zwar durch $\mathcal{T} = \{F \subseteq Q \mid \exists 1 \leq i \leq h : F \cap L_i \neq \emptyset, F \subseteq Q \setminus U_i\}$.
Die Bedeutung des Satzes von McNaughton ist einer der Gründe für die Existenz mehrerer Determinisierungskonstruktionen (für Büchi Automaten). Darüber hinaus ist die Effizienz ein wichtiger Aspekt für Entscheidungsalgorithmen in der temporalen Logik. Wir werden in Kapitel 3 im allgemeineren Rahmen reeller Spuren einen eleganten (allerdings weniger effizienten) algebraischen Beweis für den Satz von McNaughton angeben, der von M.P. Schützenberger stammt. Im folgenden beschreiben wir für den Beweis des Satzes die Konstruktion von S. Safra [Saf88] (s.a. [Saf92]), die zu einem Büchi Automaten mit n Zuständen einen äquivalenten deterministischen Rabin Automaten mit $2^{O(n \log n)}$ Zuständen und $O(n)$ Paaren in der Akzeptanzbedingung ergibt. Dieses Ergebnis ist optimal, denn zu einem (nichtdeterministischen) Rabin Automaten $\mathcal{A}$ mit n Zuständen und h Paaren in der Akzeptanzbedingung läßt sich ein Büchi Automat $\mathcal{A}'$ mit $n \cdot 2^{O(h)}$ Zuständen angeben, mit $L(\mathcal{A}') = \Sigma^\omega \setminus L(\mathcal{A})$. Für die Komplementbildung für Büchi Automaten ist aber die untere Schranke $2^{\Omega(n \log n)}$ durch M. Michel [Mic88] bekannt.

Theorem 1.2.3 (McNaughton) *Für* $L \in \Sigma^\omega$ *sind folgende Aussagen zueinander äquivalent:*

(i) L wird von einem Büchi Automaten erkannt (d.h., $L \in \mathrm{Rec}(\Sigma^\omega)$).

(ii) L wird von einem deterministischen Muller Automaten erkannt.

(iii) L wird von einem deterministischen Rabin Automaten erkannt.

(iv) L läßt sich als (endliche) Boolesche Kombination von deterministischen Sprachen darstellen. Genauer:

$$L = \cup_{\mathrm{fin}}\left(\vec{M} \cap (\Sigma^\omega \setminus \vec{N})\right),$$

mit $M, N \subseteq \Sigma^+$ reguläre Sprachen.

Beweis: Es ist leicht zu sehen, daß *(iii)* und *(iv)* äquivalente Bedingungen sind. Gleichermaßen leicht nachprüfbar ist *(ii)* $\Rightarrow$ *(i)*, und *(iii)* $\Rightarrow$ *(ii)* haben wir bereits gezeigt. Die verbleibende Implikation *(i)* $\Rightarrow$ *(iii)* zeigen wir anschließend, indem wir die Konstruktion von Safra [Saf88] beschreiben. $\square$

Die Idee, die der Konstruktion von Safra zugrundeliegt, beruht auf der Verwendung der üblichen Potenzautomatenkonstruktion von Rabin und Scott. Die Verwendung des Potenzautomaten alleine genügt jedoch nicht im Falle unendlicher Wörter, wie aus dem folgenden Beispiel ersichtlich wird. Für den unten angegebenen Automaten $\mathcal{A} = (Q, \Sigma, \delta, q_0, F)$ gilt $L(\mathcal{A}) = \emptyset$, der dazugehörige Potenzautomat $\mathcal{A}' = (Q', \Sigma, \cdot, \{q_0\}, F')$ mit $Q' \subseteq \mathcal{P}(Q)$, $F' = \{R \subseteq Q \mid R \cap F \neq \emptyset\}$ erkennt aber Σ^ω:

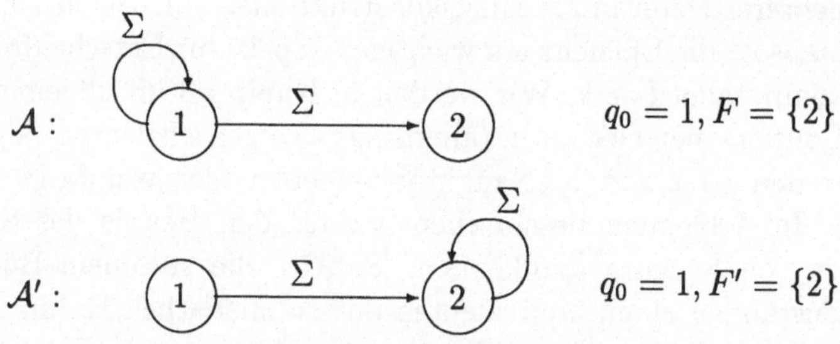

Die aktuelle Zustandsmenge des Potenzautomaten des gegebenen nichtdeterministischen Automaten wird in der Konstruktion von Safra in Form eines Baumes gespeichert, wobei die Struktur des Baumes bei jedem Schritt verändert wird. Der Baum wird erweitert, indem die Berechnungen, die einen Endzustand durchlaufen, separat weiterverfolgt werden; ein Baum wird reduziert, wenn mehrere Berechnungen jeweils Endzustände durchlaufen haben und wieder zusammengeführt werden können.

Sei $|Q| = n$ und $\mathcal{V} = \{1, \dots, 2n\}$.

Die Zustände des Rabin Automaten werden geordnete Bäume sein, deren Knoten mit Teilmengen von Q beschriftet sind. Um die Anzahl der Bäume durch eine Konstante beschränken zu können, wird die Beschriftung geeignet eingeschränkt. Zusätzlich zur Beschriftung können die Blätter eines Baumes markiert sein, wobei die Marken für die Akzeptanz benötigt werden.
Formal sei (T, k, λ, M) ein Baum mit

(1) $T \subseteq \mathcal{V}$ als Knotenmenge;

(2) $k : T \to T^*$, wobei $k(v)$ die geordnete Folge der Kinder von v ist;

(3) $\lambda : T \to \mathcal{P}(Q) \setminus \{\emptyset\}$ als Beschriftung der Knoten;

(4) $M \subseteq \{v \in T \mid k(v) = 1\}$ als Menge der markierten Blätter.

Für Knoten $u, v \in T$ bezeichnen wir im folgenden v als *Nachfolger* von u, falls $u = v_1, \ldots, v_l = v \in T$ existieren, mit $k(v_i) \in T^* v_{i+1} T^*$, für $i \geq 1$. Die Menge der Nachfolger von u wird mit $N(u)$ bezeichnet.
Weiterhin wird gefordert, daß die Beschriftungsfunktion λ für alle $v, w \in T$ folgenden Einschränkungen genügt:

(5) $\cup_{i=1}^{l} \lambda(v_i) \subsetneq \lambda(v)$, mit $k(v) = v_1 \cdots v_l$;

(6) $\lambda(v) \cap \lambda(w) = \emptyset$, falls $v \neq w$ unvergleichbar sind bzgl. der Nachfolgerrelation (d.h. es gilt $u \notin N(v)$, sowie $v \notin N(u)$).

Sei $\rho \in T$ die Wurzel von (T, k, λ, M) und betrachte die Abbildung $L : T \to \mathcal{P}(Q) \setminus \{\emptyset\}$, gegeben für $v \in T$ durch $L(v) = \lambda(v) \setminus \cup_{i=1}^{l} \lambda(v_i)$, wobei $k(v) = v_1 \cdots v_l$. Mit den beiden Einschränkungen der Beschriftungen ist $(L(v))_{v \in T}$ eine Partition von $\lambda(\rho) \subseteq Q$. Damit folgt: $|T| \leq n$.
Wir beschreiben nun den deterministischen Rabin Automaten mit $L(\mathcal{B}) = L(\mathcal{A})$, $\mathcal{B} = (S, \Sigma, \Delta, s_0, \mathcal{T})$.
Die Zustandsmenge S enthält genau die geordneten, knotenbeschrifteten Bäume mit markierten Blättern, die wir eben beschrieben haben. Der Anfangszustand $s_0 \in S$ sei dabei der Baum, der aus einem einzigen, mit $\{q_0\}$ beschrifteten, unmarkierten Knoten besteht. Wir erklären nun die (partielle) Übergangsfunktion $\Delta : S \times \Sigma \to S$ konstruktiv durch die folgenden fünf Schritte, die für $s = (T, k, \lambda, M) \in S$ und $a \in \Sigma$ durchgeführt werden. Dabei werden durch die ersten beiden Schritte die erfolgreichen Berechnungen aussortiert (Schritt a)) bzw. der Potenzautomat weitersimuliert (Schritt b)). Durch die verbleibenden drei Schritte erreichen wir, daß der resultierende Baum s' den Einschränkungen (der Beschriftung) wieder genügt.

a) Sei $W := \{v \in T \mid \lambda(v) \cap F \neq \emptyset\}$, mit $w_1 < \cdots < w_p$ als Elemente von W in aufsteigender Reihenfolge. Für $v = w_i$, $1 \leq i \leq p$, sei $\bar{v}$ die i-te Zahl in $\mathcal{V} \setminus T$.

    (T', k', λ, M) sei der Baum, der aus s durch $T' := T \cup \{\bar{v} \mid v \in W\}$, $k'(v) := k(v)\bar{v}$ und $\lambda(\bar{v}) := \lambda(v) \cap F$ entsteht.

    (Beachte, daß dieser Schritt durch $|\mathcal{V}| = 2n$, $|T| \leq n$ ermöglicht wird.)

b) Für $v \in T'$ sei die neue Beschriftungsfunktion λ' gegeben durch $\lambda'(v) := \cup_{q \in \lambda(v)} \delta(q, a)$.

Um zu einem Baum der gewünschten Form zu gelangen, werden zusätzlich folgende Schritte durchgeführt:

c) Für $v \in T'$ sei

$$\lambda'(v) := \lambda'(v) \setminus \{q \mid \exists u \in T' : q \in \lambda'(u) \text{ und } u \text{ liegt links von } v\},$$

wobei u dann links von v liegt, wenn Knoten $x, y, z \in T'$ existieren, mit $k'(x) \in T'^* y T'^* z T'^*$, sowie u (bzw. v) ist Nachfolger von y (bzw. z).

d) Setze $T' := T' \setminus \{v \mid \lambda'(v) = \emptyset\}$.

e) Sei

$$M' = \{v \in T' \mid \lambda'(v) = \cup_{i=1}^{l} \lambda'(v_i), \text{ wobei } k'(v) = v_1 \cdots v_l\}.$$

Mit $T' := T' \setminus \cup_{v \in M'} N(v)$ werden alle Nachfolger von $v \in M'$ aus T' entfernt. Sei daher $k'(v) := 1$, für alle $v \in M'$.

Man beachte, daß die alte Markierung M nicht für die neue Markierung M' verwendet wurde, d.h., M wurde gelöscht.

Die Rabin Bedingung $\mathcal{T}$ sei gegeben durch $\mathcal{T} = \{(L_v, U_v) \mid v \in \mathcal{V}\}$, mit

$$L_v = \{(T, k, \lambda, M) \mid v \in M\}, \quad U_v = \{(T, k, \lambda, M) \mid v \notin T\}.$$

Damit wird eine Berechnung von $\mathcal{B}$ mit (L_v, U_v) akzeptiert, wenn der Knoten v, der bis auf endlich viele Ausnahmen zu allen Bäumen gehört, unendlich oft markiert wird.

Wir zeigen nun $L(\mathcal{B}) = L(\mathcal{A})$.

Betrachte zunächst $w \in L(\mathcal{A})$, zusammen mit einer akzeptierenden Berechnung $r \in R_{\mathcal{A}}(w)$, $r = q_0, a_0, q_1, a_1, \ldots$, wobei $w = a_0 a_1 \ldots$. Mit $R_{\mathcal{A}}(w) \neq \emptyset$ ist auch eine Berechnung R von $\mathcal{B}$ auf w gegeben, $R = S_0, a_0, S_1, a_1, \dots$ Sei $S_i = (T_i, k_i, \lambda_i, M_i)$, $i \geq 0$.

Nach Konstruktion besitzen alle S_i, $i \geq 0$, dieselbe Wurzel $\rho \in \mathcal{V}$. Mit

$$T := \{ v \in \mathcal{V} \mid \exists j(v) \geq 0 : v \in T_j,\ \forall j \geq j(v) \},$$

gilt daher $T \neq \emptyset$. Außerdem ist T ein Baum, denn für $\alpha > \max_{v \in T} j(v)$ folgt aus $v \in T$, daß jeder Vorgänger von v in T_α ebenfalls zu T gehört. Wir betrachten Knoten $x \in T$, die den aktuellen Zustand der Berechnung r bis auf endlich viele Ausnahmen stets enthalten:

$$\exists i \geq 0 :\ q_j \in \lambda_j(x),\ \forall j \geq i\,.$$

Die Wurzel $\rho \in T$ erfüllt offensichtlich diese Eigenschaft.

Man wähle nun $x \in T$ wie oben mit maximaler Tiefe. D.h., es existiert $\alpha \geq 0$ so, daß $q_i \in \lambda_i(x)$, für alle $i \geq \alpha$ erfüllt ist. Damit existiert zu keinem Zeitpunkt $i \geq \alpha$ ein Knoten links von x, der den aktuellen Zustand enthält. Dies liegt an den Einschränkungen der Beschriftung λ.

Angenommen, der Knoten x wird nur endlich oft markiert. Ohne Einschränkung sei α so, daß x ab dem Zeitpunkt α nie wieder markiert wird. Sei weiterhin $\beta > \alpha$ so, daß $q_{\beta-1}$ ein Endzustand ist. Damit existiert ein Kind y von x in T_β, der q_β enthält. Da x nie wieder markiert und damit nie wieder ein Blatt wird, bleibt der aktuelle Zustand der Berechnung r in den Kindern von x enthalten. Genauer, für jedes $i \geq \beta$ existiert ein Kind x_i von x in T_i mit $q_i \in \lambda_i(x_i)$. Die Zustände q_i können nur nach links zwischen den Kindern von x wandern, denn sie sind stets in x enthalten und der aktuelle Zustand der Berechnung r kann nur nach links im Baum wandern. Da neue Knoten nur rechts angehängt werden, folgt die Existenz eines Kindes z von x mit $\lim_{i \to \infty} x_i = z$. Der Knoten z gehört zu T und erfüllt die Eigenschaft, wonach er den aktuellen Zustand von r bis auf endlich viele Ausnahmen enthält. Da er tiefer liegt als x, erhalten wir einen Widerspruch zur Wahl von x.

Die Berechnung wurde somit durch das Paar (L_x, U_x) akzeptiert.

Für die Rückrichtung sei $x \in V$ so, daß $w \in \Sigma^\omega$ mit dem Paar (L_x, U_x) akzeptiert wird, und $S_0, a_0, S_1, a_1, \dots$ die Berechnung von $\mathcal{B}$ auf $w = a_0 a_1 \dots$, $S_i = (T_i, k_i, \lambda_i, M_i)$.

Sei $0 < i_1 < i_2 < \dots$ so, daß

- x ist markiert in T_{i_j}, $j > 0$ (d.h., $x \in M_{i_j}$), und

- $x \in T_i$, für alle $i \geq i_1$.

Bezeichne mit Q_j die Beschriftung von x in T_{i_j}, $Q_j = \lambda_{i_j}(x)$, $j > 0$, und mit $w[j]$ den Faktor $a_{i_{j-1}} a_{i_{j-1}+1} \cdots a_{i_j-1}$ von w, $j > 1$. Nach Konstruktion existiert für jeden Zustand $q \in Q_j$ ein $p \in Q_{j-1}$ so, daß ein mit $w[j]$ beschrifteter Übergangspfad in $\mathcal{A}$ von p nach q durch einen Endzustand führt, d.h, es gilt: $q \in \delta_F(p, w[j])$. Man beachte hierzu, daß x sowohl in T_{i_j} als auch in $T_{i_{j-1}}$ ein Blatt ist.

Mit $Q_0 = \{q_0\}$ und $w[1] = a_0 \cdots a_{i_1-1}$ definieren wir einen (unendlichen) Baum mit Knoten (p, j), für alle $p \in Q_j$, $j \geq 0$. Für $p \in Q_{j-1}$, $q \in Q_j$, $j > 1$, sei $((p, j-1), (q, j))$ eine Kante, falls $q \in \delta_F(p, w[j])$ wie oben gilt. Für $j = 0$ sei $((q_0, 0), (q, 1))$ eine Kante, falls $q \in \delta(q_0, w[1])$.

Im obigen Baum existiert zu jedem Knoten (p, j) ein Pfad zur Wurzel $(q_0, 0)$, und darüber hinaus ist der Verzweigungsgrad beschränkt. Daher existiert nach dem Lemma von König ein unendlicher Pfad $(q_0, 0), (q_1, 1), \ldots$. Dieser Pfad kann zu einer akzeptierenden Berechnung von $\mathcal{A}$ auf $w = w[1]w[2] \cdots$ erweitert werden,

$$q_0 \xrightarrow{w[1]} q_1 \xrightarrow[F]{w[2]} q_2 \xrightarrow[F]{w[3]} \cdots,$$

denn es gilt $q_{j+1} \in \delta_F(q_j, w[j+1])$, für alle $j > 0$.

Es verbleibt nur noch, die Größe von $\mathcal{B}$ zu bestimmen. Die Anzahl unbeschrifteter, geordneter Bäume mit höchstens n Knoten ist durch $\binom{2n-2}{n-1} \in 2^{O(n \log n)}$ beschränkt. Die Beschriftung kann als Abbildung $L : Q \to T$ dargestellt werden, mit $\lambda(u) = \cup_{v \in N(u)} L(v) \cup L(u)$. Zusammen mit der Markierung $M \subseteq T$ bleibt dies innerhalb der $2^{O(n \log n)}$-Schranke.

Übung 6 *1. Zeigen Sie, daß die von nichtdeterministischen Muller Automaten erkannten Sprachen in* $\mathrm{Rec}(\Sigma^\omega)$ *liegen.*

2. Führen Sie die Konstruktion von Safra für den folgenden Automaten für die Sprache $Fin(a)$ *durch:*

1.3   Topologie auf unendlichen Wörtern

Eigenschaften unendlicher Folgen aus Σ^ω lassen sich auch als topologische Eigenschaften formulieren, indem man die Produkttopologie der diskreten Topologie auf Σ zugrundeliegt. Die resultierende Klassifizierung hat natürliche

Interpretationen für Programmeigenschaften in ereignisgesteuerten Systemen [MP91], wie Sicherheit (kein unerwünschtes Ereignis wird eintreten, *safety*) oder Garantie (ein erwünschtes Ereignis wird mindestens einmal eintreten, *guarantee*).

Die *offenen Mengen* der Produkttopologie auf Σ^ω sind von der Form $L\Sigma^\omega$, mit $L \subseteq \Sigma^*$. Es kann gezeigt werden, daß die Produkttopologie metrisierbar ist, mittels der Abstandsfunktion $d : \Sigma^\omega \times \Sigma^\omega \to \mathbb{R}$, gegeben durch

$$d(u,v) = 2^{-r(u,v)}, \text{ mit } r(u,v) = \max\{n \geq 0 \mid u[n] = v[n]\},$$

wobei $u[n]$ das Präfix von $u \in \Sigma^\omega$ der Länge n bezeichnet und $2^{-\infty} = 0$. Mit der üblichen Notation bezeichne G die Familie der offenen Mengen, bzw. F die Familie der geschlossenen Mengen, $F = \{\Sigma^\omega \setminus L \mid L \in G\}$.

Übung 7 *1. Sei $L \subseteq \Sigma^\omega$. Zeigen Sie, daß $L \in F$ genau dann gilt, wenn ein $K \subseteq \Sigma^*$ existiert, mit $L = \{v \in \Sigma^\omega \mid \forall u < v : u \in K\}$.*

2. Es gilt:

- $\{u\} \in F$, *für $u \in \Sigma^\omega$.*

- $a^\omega \cup a^*b\Sigma^\omega \in F$.

Ausgehend von den offenen und geschlossenen Mengen aus Σ^ω läßt sich die *Borel Hierarchie* durch den (alternierenden) Abschluß unter abzählbare Durchschnitte bzw. Vereinigungen erklären. Die erste Hierarchiestufe ist durch G und F gegeben; auf der zweiten Stufe befinden sich G_δ und F_σ, wobei $G_\delta = \{\cap_{n\geq 0}L_n \mid L_n \in G, n \geq 0\}$ und $F_\sigma = \{\cup_{n\geq 0}L_n \mid L_n \in F, n \geq 0\}$; analog bezeichnet $G_{\delta\sigma}$ (bzw. $F_{\sigma\delta}$) den Abschluß von G_δ (bzw. F_σ) unter abzählbare Vereinigung (bzw. Durchschnitt). Aufgrund der Metrisierbarkeit der Produkttopologie gilt $F \subseteq G_\delta$ (damit auch $G \subseteq F_\sigma$), so daß die k-te Hierarchiestufe in der $k + 1$-ten Stufe für alle $k \geq 1$ enthalten ist.

Übung 8 *Zeigen Sie für ein Alphabet Σ:*

- *$Fin(a) \in F_\sigma$, für $a \in \Sigma$.*

- *$\{uv^\omega \mid u,v \in \Sigma^+\} \in F_\sigma$.*

Der nachfolgende Satz ermöglicht zusammen mit Satz 1.2.3 die Einordnung von $\mathrm{Rec}(\Sigma^\omega)$ in die Borel Hierarchie.

Satz 1.3.1 *Sei $L \subseteq \Sigma^\omega$.*
Es gilt $L \in G_\delta$ genau dann, wenn L als $L = \overrightarrow{K}$ darstellbar ist, mit $K \subseteq \Sigma^+$.

Beweis: Sei $L = \cap_{n \geq 0} L_n$, mit $L_n = K_n \Sigma^\omega$, $n \geq 0$. Œ gelte $L_0 \supseteq L_1 \supseteq \dots$
(sonst ersetze L_n durch $\cap_{k=0}^{n} L_k$), sowie $K_n \cap K_n \Sigma^+ = \emptyset$ (d.h., K_n präfixfrei).
Sei $K = \cup_{n \geq 0} K_n \Sigma^n$, dann gilt $L = \overrightarrow{K}$. Denn aus $w \in \overrightarrow{K}$ und der Präfixfreiheit
der K_n folgt $w \in L_n$ für unendlich viele $n \geq 0$. Zusammen mit $L_0 \supseteq L_1 \supseteq \dots$
ergibt sich $w \in \cap_{n \geq 0} L_n$.
Umgekehrt, sei $L = \overrightarrow{K}$, $K \subseteq \Sigma^+$. Mit $K_n = K \cap \Sigma^{\geq n}$ folgt $L = \cap_{n \geq 0} L_n$, wobei
$L_n = K_n \Sigma^\omega$. $\qquad\qquad\qquad\qquad\qquad\qquad\qquad\qquad\qquad\qquad\qquad\qquad\qquad\qquad\quad\square$

Korollar 1.3.2 *Es gilt:*

1. *$L \subseteq \Sigma^\omega$ ist genau dann eine deterministische Sprache, wenn $L \in G_\delta \cap \mathrm{Rec}(\Sigma^\omega)$ gilt.*

2. *$\mathrm{Rec}(\Sigma^\omega) \subseteq G_{\delta\sigma} \cap F_{\sigma\delta}$.*

Die eingangs erwähnte Beziehung zwischen Programmeigenschaften und topologische Charakterisierungen besteht nun in der Interpretation von Sicherheit
durch geschlossene Mengen bzw. von Garantie durch offene Mengen. Allgemeiner werden in [MP91] Eigenschaften betrachtet, die mit temporaler Logik spezifiziert sind, wie z.B. Antwort- bzw. Persistenz-Eigenschaften, die G_δ bzw. F_σ
entsprechen.
Die erste Aussage im letzten Korollar gilt sogar in der folgenden genaueren
Formulierung, die auf Landweber [Lan69] zurückgeht und in den Übungen be-
wiesen werden soll:

Satz 1.3.3 (Landweber) *Es gilt $L \in G_\delta \cap \mathrm{Rec}(\Sigma^\omega)$ genau dann, wenn eine*
reguläre Sprache $K \subseteq \Sigma^+$ existiert, mit $L = \overrightarrow{K}$.
Desweiteren ist entscheidbar, ob eine reguläre Sprache $L \subseteq \Sigma^\omega$ deterministisch
ist.

Übung 9 *1. Zeigen Sie:*

  Aus $L = \cap_{n \geq 0} L_n$, mit $L_n \in G$ regulär für alle $n \geq 0$, folgt nicht $L \in \mathrm{Rec}(\Sigma^\omega)$.

2. Sei $\mathcal{A} = (Q, \Sigma, \delta, q_0, \mathcal{T})$ ein deterministischer Muller Automat mit reduzier-
ter Tafel $\mathcal{T}$, d.h.: für jedes $T \in \mathcal{T}$ existiert ein $u \in \Sigma^\omega$ so, daß u von $\mathcal{A}$ mit
Tafelelement T akzeptiert wird. Zeigen Sie:

    a) Ist $L(\mathcal{A}) \in G$ und für $T \in \mathcal{T}$, $T' \subseteq Q$ gilt: T' ist von T aus erreichbar und stark zusammenhängend (als Untergraphen von $\mathcal{A}$), so folgt $T' \in \mathcal{T}$.

    Folgern Sie daraus: $L \in G \cap \mathrm{Rec}(\Sigma^\omega)$ gilt genau dann, wenn eine reguläre Sprache $K \subseteq \Sigma^*$ existiert, mit $L = K\Sigma^\omega$.

    b) Ist $L(\mathcal{A}) \in G_\delta$ und für $T \in \mathcal{T}$, $T' \subseteq Q$ gilt: $T' \supseteq T$ ist stark zusammenhängend, so folgt $T' \in \mathcal{T}$.

    Folgern Sie daraus: $L \in G_\delta \cap \mathrm{Rec}(\Sigma^\omega)$ gilt genau dann, wenn eine reguläre Sprache $K \subseteq \Sigma^+$ existiert, mit $L = \overrightarrow{K}$.

3. Zeigen Sie, daß $L \in F \cap \mathrm{Rec}(\Sigma^\omega)$ genau dann gilt, wenn ein deterministischer Büchi Automat $\mathcal{A} = (Q, \Sigma, \delta, q_0, Q)$ mit $L(\mathcal{A}) = L$ existiert.

Kapitel 2

Spuren und Erkennbarkeit

Wir leiten diesen Abschnitt mit einer kurzen Einführung der grundlegenden Begriffe der Spurentheorie ein, zusammen mit einigen Notationen.

Aktionen aus einer (endlichen) Menge Σ, die in einem System in Form von endlichen oder unendlichen Folgen aus $\Sigma^\infty = \Sigma^* \cup \Sigma^\omega$ beobachtet werden, können teilweise kausal unabhängig sein. Dies bedeutet, daß die Ausführungsreihenfolge zweier Aktionen $a, b \in \Sigma$ keine Auswirkung auf das Verhalten des Systems hat.

Ein *Abhängigkeitsalphabet* ist ein Paar (Σ, D), mit Σ als endliches Alphabet, zusammen mit einer reflexiven, symmetrischen Relation $D \subseteq \Sigma \times \Sigma$, die als *Abhängigkeitsrelation* bezeichnet wird. Die komplementäre Relation $I = (\Sigma \times \Sigma) \setminus D$ ist die *Unabhängigkeitsrelation*, die Paare von Aktionen angibt, die gleichzeitig (bzw. in beliebiger Reihenfolge) ausgeführt werden können. Sei $\equiv_I \subseteq \Sigma^* \times \Sigma^*$ die kleinste Äquivalenzrelation, die die Menge $\{(uabv, ubav) \mid (a, b) \in I,\ u, v \in \Sigma^*\}$ enthält. Die Relation $\equiv_I$ erweist sich als eine Kongruenzrelation und das dazugehörige Quotientenmonoid $\mathbb{M}(\Sigma, D) = \Sigma^*/_{\equiv_I}$ wird als *freies, partiell kommutatives Monoid* bzw. *Monoid endlicher Spuren* [Maz77] bezeichnet. Eine endliche Spur ist damit eine Äquivalenzklasse von Wörtern.

Der Begriff der partiellen Kommutationen verallgemeinert damit die freien Monoide Σ^* durch $I = \emptyset$, sowie die freien, kommutativen Monoide $\mathbb{N}^k$ durch $I = \Sigma \times \Sigma \setminus \mathrm{id}_\Sigma$.

Aus der Sicht partieller Ordnungen heraus, kann eine Spur auch mit einem *Abhängigkeitsgraphen* identifiziert werden, d.h., mit einem (bis auf Isomorphie) beschrifteten, azyklischen, gerichteten Graphen $[V, E, \lambda]$, mit $E \subseteq V \times V$ und Beschriftungsfunktion $\lambda : V \to \Sigma$, der für alle $u, v \in V$ folgende Bedingung erfüllt:

$$(\lambda(u), \lambda(v)) \in D \quad \Longleftrightarrow \quad (u, v) \in \mathrm{id}_V \cup E \cup E^{-1}.$$

Zu einer Spur $t = [a_1 \cdots a_n] \in \mathbb{M}(\Sigma, D)$ mit $a_i \in \Sigma$ für $1 \leq i \leq n$, wird der dazugehörige Abhängigkeitsgraph $G(t)$ gebildet, indem zunächst eine n-elementige Knotenmenge $V = \{1, \ldots, n\}$ mittels $\lambda(i) = a_i$ für alle i beschriftet wird. Die Kantenmenge ist dabei durch $E = \{(i, j) \mid i < j \text{ und } (\lambda(i), \lambda(j)) \in D\}$ gegeben. Mit dieser Charakterisierung ist eine Spur $t \in \mathbb{M}(\Sigma, D)$ ein eingeschränkter *pomset* (partially ordered multiset).

Der Begriff des Abhängigkeitsgraphen kann auf natürlicher Art auf unendliche Graphen erweitert werden. Im folgenden bezeichnet $\mathbb{G}(\Sigma, D)$ die Menge der endlichen und unendlichen Abhängigkeitsgraphen mit abzählbarer Knotenmenge V so, daß für alle $a \in \Sigma$ gilt: $\lambda^{-1}(a) \subseteq V$ ist wohlgeordnet, d.h. hat ein kleinstes Element. Mit dieser Einschränkung können Knoten als Paare (a, i) dargestellt werden, mit $a \in \Sigma$ und i eine abzählbare Ordinalzahl, wobei (a, i) den $(i+1)$-ten mit a beschrifteten Knoten im Abhängigkeitsgraph bezeichnet. Auf $\mathbb{G}(\Sigma, D)$ ist die Konkatenation gegeben durch $[V_1, E_1, \lambda_1][V_2, E_2, \lambda_2] = [V, E, \lambda]$, mit $[V, E, \lambda]$ als disjunkte Vereinigung der beiden Abhängigkeitsgraphen, zusammen mit zusätzlichen Kanten $(v_1, v_2) \in V_1 \times V_2$ zwischen Knoten mit abhängiger Markierung, $(\lambda_1(v_1), \lambda_2(v_2)) \in D$. Die Identität sei der leere Graph $1 = [\emptyset, \emptyset, \emptyset]$. Wir können nun das ω-Produkt in $\mathbb{G}(\Sigma, D)$ analog definieren. Sei $(g_n)_{n \geq 0} \subseteq \mathbb{G}(\Sigma, D)$ eine Folge von Abhängigkeitsgraphen. Dann ist das Produkt $g = g_0 g_1 \ldots \in \mathbb{G}(\Sigma, D)$ als disjunkte Vereinigung der g_n erklärt, zusammen mit zusätzlichen Kanten von g_n nach g_m für $n < m$, zwischen Knoten mit abhängiger Beschriftung. Wir bezeichnen für $L \subseteq \mathbb{G}(\Sigma, D)$ mit L^ω die ω-Iteration von L, $L^\omega = \{ g_0 g_1 \ldots \mid g_n \in L, \forall n \geq 0 \}$. Beachte, es gilt hier $L^\omega = (L \setminus \{1\})^\omega \cup L^*$, falls $1 \in L$.

Der kanonische surjektive Homomorphismus $\varphi : \Sigma^* \to \mathbb{M}(\Sigma, D)$ kann auf Σ^∞ erweitert werden, wobei es sich bei $\varphi : \Sigma^\infty \to \mathbb{G}(\Sigma, D)$ nicht mehr um einen Homomorphismus handelt. Die Bildmenge $\varphi(\Sigma^\infty) \subseteq \mathbb{G}(\Sigma, D)$ ist die Menge *reeller Spuren* und wird mit $\mathbb{R}(\Sigma, D)$ bezeichnet. Beachte, daß $\mathbb{R}(\Sigma, D)$ kein Untermonoid von $\mathbb{G}(\Sigma, D)$ darstellt (es gilt beispielsweise $a^\omega \in \mathbb{R}(\Sigma, D)$ und $b \in \mathbb{R}(\Sigma, D)$, aber für $(a, b) \in D$ ist das Produkt $a^\omega b$ keine reelle Spur). Außerdem kommutiert φ weder mit der Konkatenation, noch mit der ω-Iteration: für $L, K \in \Sigma^\infty$ gilt $\varphi(LK) = \varphi(L)\varphi(K)$ bzw. $\varphi(L^\omega) = (\varphi(L))^\omega$ genau dann, wenn $L \subseteq \Sigma^*$.

Wir erklären nun einige durchgehend verwendete Bezeichnungen.

Für $a \in \Sigma$ sei $D(a) = \{b \in \Sigma \mid (a, b) \in D\}$ bzw. $I(a) = \Sigma \setminus D(a)$. Analog seien für $A \subseteq \Sigma$ die Mengen $D(A) = \cup_{a \in A} D(a)$ bzw. $I(A) = \Sigma \setminus D(A)$ erklärt.

Für $t \in \mathbb{R}(\Sigma, D)$ sei $|t|_a$ die Anzahl der Vorkommen von a in t. Dann bezeichnet $\mathrm{alph}(t)$ das Alphabet von t, d.h. die Menge $\{a \in \Sigma \mid |t|_a > 0\}$; mit $\mathrm{alphinf}(t)$ wird das unendlich oft auftretende Alphabet von t bezeichnet, d.h. die Menge

$\{a \in \Sigma \mid |t|_a = \infty\}$. Wir verwenden später die Bezeichnung alphinf(w) auch für den Spezialfall $D = \Sigma \times \Sigma$ der Wörter $w \in \Sigma^\infty$. Weiterhin sei für eine endliche Spur $t \in \mathbb{M}(\Sigma, D)$ die Menge der Beschriftungen der maximalen Elemente von t mit max(t) bezeichnet, d.h., max$(t) = \{a \in \Sigma \mid \exists w \in \Sigma^* : \ t = \varphi(wa)\}$. Analog sei min$(t) = \{a \in \Sigma \mid \exists w \in \Sigma^* : t = \varphi(aw)\}$.

Die Präfixordnung $\leq$ auf $\mathbb{R}(\Sigma, D)$ wird wie üblich erklärt: Es sei $u \leq t$ genau dann, wenn $t = us$ für ein $s \in \mathbb{R}(\Sigma, D)$ gilt. Für zwei Spuren $t_1, t_2 \in \mathbb{R}(\Sigma, D)$ bezeichnen wir dann mit $t_1 \sqcap t_2$ das Infimum von t_1, t_2. Das Supremum einer Menge $Y \subseteq \mathbb{R}(\Sigma, D)$, wird (falls es existiert) mit $\sqcup Y$ bezeichnet. Eine Sprache $L \subseteq \mathbb{R}(\Sigma, D)$ heißt *präfixfrei*, wenn keine Elemente $t_1, t_2 \in L$ existieren, mit $t_1 < t_2$.

In den Beweisen werden wir durchgehend den Durchschnitt zweier Spuren $t_1 \cap t_2$ als Durchschnitt von Abhängigkeitsgraphen im mengentheoretischen Sinn verwenden. Dies sei an der folgenden Situation veranschaulicht. Es sei $t = u_1 u_2 u_3$ eine Zerlegung von $t \in \mathbb{R}(\Sigma, D)$ in Faktoren u_i, mit $u_i \in \mathbb{R}(\Sigma, D)$, $i = 1, 2, 3$. Die Faktoren u_i können dann mit (induzierten) Untergraphen von t identifiziert werden. Allgemeiner sei $t = u_1 \cdots u_m = v_1 \cdots v_n$, dann definieren die Graphendurchschnitte $w_{ij} = u_i \cap v_j$ mit $1 \leq i \leq m$ und $1 \leq j \leq n$ Faktoren von t (siehe Abb. 2.1). Es gilt $u_i = w_{i1} \cdots w_{in}$ bzw. $v_j = w_{1j} \cdots w_{mj}$, für alle i, j. Man beachte, daß aus der Darstellung von t folgt: alph$(w_{ij}) \times$ alph$(w_{kl}) \subseteq I$, für alle $i < k$ und $j > l$ (bzw. $i > k$ und $j < l$). Ein wichtiger Spezialfall hiervon ist mit $m = n = 2$ das *Lemma von Levi*.

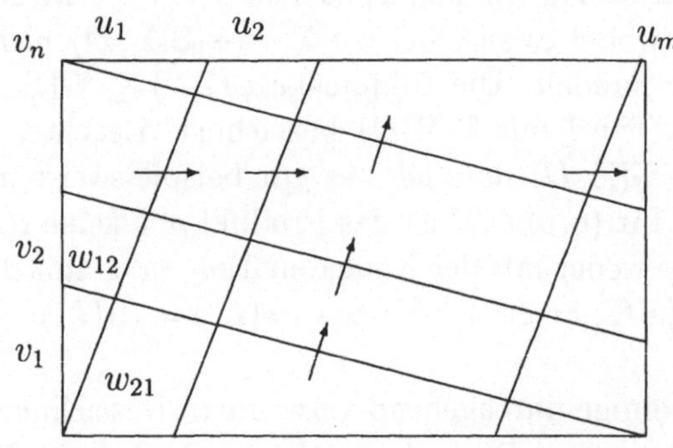

Abbildung 2.1: Verallgemeinertes Lemma von Levi.

2.1 Erkennbare Mengen

Ziel dieses Abschnitts ist es, eine kurze Übersicht über Erkennbarkeit im Kontext allgemeiner Monoide anzugeben (für Einzelheiten siehe [Eil74, Ber79]).

Definition 2.1.1 *Sei M ein Monoid. Eine Teilmenge $L \subseteq M$ heißt erkennbar, wenn ein endliches Monoid N und ein Monoid-Homomorphismus $h : M \to N$ derart existieren, daß $L = h^{-1}(h(L))$ gilt. Wir sagen in diesem Fall, daß L von h erkannt wird.*

Bemerkung Die obige Definition ist offensichtlich äquivalent zur Existenz einer Kongruenzrelation $\mathcal{R} \subseteq M \times M$ mit endlichem Index, die L saturiert, d.h. so, daß L als Vereinigung von Äquivalenzklassen von $\mathcal{R}$ darstellbar ist. Die Klasse $\mathrm{Rec}(M)$ der erkennbaren Teilmengen von M bildet eine Boolesche Algebra und ist abgeschlossen unter inversen Homomorphismen. Eine äquivalente Definition der Erkennbarkeit basiert auf den Begriff des M-Automaten:

Definition 2.1.2 *Sei $(M, \cdot, 1)$ ein Monoid. Ein M-Automat $\mathcal{A}$ ist ein Tupel (Q, δ, q_0, F), wobei:*

- *Q ist die Zustandsmenge,*

- *$\delta : Q \times M \to Q$ ist die Übergangsfunktion so, daß mit $qm := \delta(q, m)$ für alle $q \in Q$, $m, n \in M$ gilt:*

$$q1 = q \qquad und \qquad q(mn) = (qm)n,$$

- *$q_0 \in Q$ ist der Anfangszustand, und*

- *$F \subseteq Q$ ist die Menge der Endzustände.*

Der M-Automat $\mathcal{A}$ heißt endlich, wenn die Zustandsmenge Q endlich ist. Er akzeptiert die Menge $L(\mathcal{A}) = \{m \in M \mid q_0 m \in F\}$.

Die nachfolgenden Beziehungen zwischen Akzeptanz durch endliche Automaten und Erkennbarkeit durch Homomorphismen sind leicht zu verifizieren. Eine Menge $L \subseteq M$, die von einem M-Automaten $\mathcal{A} = (Q, \delta, q_0, F)$ akzeptiert wird, wird vom folgenden Homomorphismus erkannt (wobei Q^Q das Transformationsmonoid von Q bezeichnet):

$$\begin{aligned} h : M &\to Q^Q \\ m &\mapsto (q \mapsto qm, \quad \forall q \in Q) \end{aligned}$$

Es gilt: $L = h^{-1}(\Phi)$, mit $\Phi = \{f \in Q^Q \mid f(q_0) \in F\}$.

Umgekehrt können wir zu einem Monoiden $(N, \cdot, 1)$ und einem Homomorphismus $h : M \to N$, der $L \subseteq M$ erkennt, einen M-Automaten $\mathcal{A} = (N, \delta, 1, h(L))$ angeben, der L akzeptiert. Die Übergangsfunktion $\delta : N \times M \to N$ wird dabei erklärt durch $\delta(n, m) := nh(m)$. Der Automat $\mathcal{A}$ ist endlich, falls N ein endliches Monoid ist.

Um auf den Begriff der saturierenden Kongruenzen zurückzukommen, führen wir schließlich die *syntaktische Kongruenz* $\sim_L$ einer Sprache $L \subseteq M$ ein. Dies ist die gröbste Kongruenz, die L saturiert, und wird für $m, m' \in M$ wie folgt definiert:

$$m \sim_L m' \quad \Longleftrightarrow \quad (xmy \in L \Leftrightarrow xm'y \in L, \ \forall x, y \in M)$$

Das zu dieser Kongruenz gehörende Quotientenmonoid $M/_{\sim_L} =: \mathrm{Synt}(L)$ wird als *syntaktisches Monoid* von L bezeichnet und der kanonische Homomorphismus $h : M \to \mathrm{Synt}(L)$ als syntaktischer Morphismus.

Der nächste Satz faßt die angegebenen Charakterisierungen erkennbarer Mengen zusammen:

Satz 2.1.3 *Sei M ein Monoid. Folgende Aussagen sind zueinander äquivalent:*

1. $L \subseteq M$ ist erkennbar.

2. Es existiert ein endlicher Automat $\mathcal{A}$, der L akzeptiert.

3. Das syntaktische Monoid von L, $\mathrm{Synt}(L)$, ist endlich.

Wir schließen diesen Abschnitt mit einigen Bemerkungen zum Begriff des minimalen Automaten. Zu einer gegebenen Menge $L \subseteq M$ definieren wir eine Relation $R_L \subseteq M \times M$ durch:

$$m \, R_L \, m' \quad \Longleftrightarrow \quad (mn \in L \Leftrightarrow m'n \in L, \ \forall n \in M)$$

Es ist leicht zu sehen, daß R_L eine rechtsinvariante Äquivalenzrelation ist, daher ist die Übergangsfunktion des folgenden Automaten $\mathcal{A}_L$ wohldefiniert. Dabei bezeichnet $[m]$ die Äquivalenzklasse eines Elements $m \in M$:

$$\mathcal{A}_L = (M/_{R_L}, \delta, [1], \{[m] \mid m \in L\}), \ \text{mit } \delta([m], m') = [mm'].$$

Es gilt $L(\mathcal{A}) = L$ und, falls L erkennbar ist, so ist der Automat $\mathcal{A}_L$ endlich und er stellt den minimalen Automaten von L dar.

Bemerkung Im Spezialfall des freien, partiell kommutativen Monoids $M = \mathbb{M}(\Sigma, D)$ besitzt der minimale Automat $\mathcal{A}_L = (Q, \cdot, q_0, F)$ einer erkennbaren Sprache $L \in \text{Rec}(\mathbb{M}(\Sigma, D))$ die sogenannte *I-Diamant* Eigenschaft (siehe auch Abb. 2.2):

$$\forall\, q \in Q,\ \forall\, (a, b) \in I : \qquad q \cdot ab = q \cdot ba\,.$$

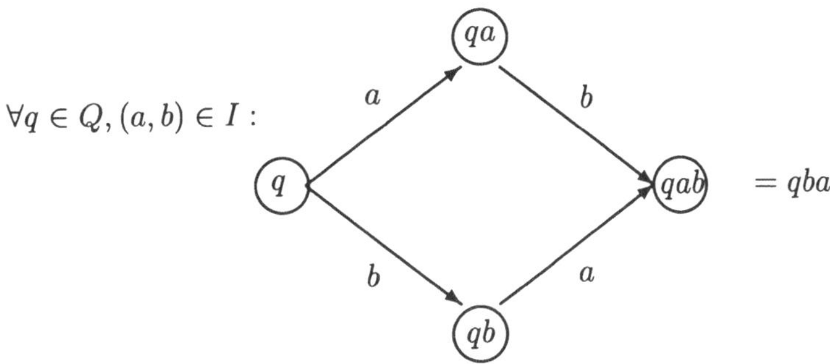

Abbildung 2.2: *I*-Diamant Eigenschaft

Der klassische Begriff des M-Automaten führt daher auf natürlichem Wege zur *I*-Diamant Eigenschaft, die die Unabhängigkeit von Aktionspaaren mittels Interleaving ausdrückt. Dabei werden alle Ausführungsfolgen (Sequentialisierungen) einer Spur als äquivalente Berechnungspfade im Automaten ermöglicht (äquivalent im Sinne der Akzeptanz).
Der Nachteil des *I*-Diamant Automaten besteht allerdings in der zentralisierten Kontrollstruktur, die Nebenläufigkeit nur indirekt, mittels Kommutationen, ausdrückt. Ihr wesentlicher Vorteil besteht hingegen in ihrer geringen Größe, verglichen mit dem verteilten Automatenmodell, das wir im nächsten Abschnitt vorstellen.

2.2 Asynchrone Automaten

Das Konzept der asynchronen Automaten ist von W. Zielonka als verteiltes Automatenmodell für endliche Spuren eingeführt worden [Zie87, Zie89, CMZ90]. Vom Prinzip her ist ein asynchroner Automat ein Netz von endlichen Automaten, die als autonome, kooperierende Prozesse arbeiten. Ihre verteilte endliche Kontrolle ermöglicht eine nebenläufige Ausführung unabhängiger Aktionen. Im Zusammenhang mit anderen parallelen Berechnungsmodellen sei angemerkt, daß asynchrone Automaten äquivalent sind zu 1–sicheren, beschrifteten Petri-Netzen.

Die Bedeutung der asynchronen Automaten liegt im herausragenden Ergebnis von Zielonka über die Äquivalenz zwischen Erkennbarkeit in $\mathbb{M}(\Sigma, D)$ und Akzeptanz durch deterministische Automaten dieser Art. Gegenstand unserer Betrachtung hier werden die asynchronen und die asynchron-zellulären Automaten sein. Später werden wir uns hauptsächlich auf die asynchron-zellulären Automaten konzentrieren, deren Kontrollstruktur grundlegend für unsere Betrachtungen ist und bessere Eigenschaften vorweist. Ein weiterer wichtiger Aspekt ist die Tatsache, daß Zielonkas Konstruktion genau diesen Automatentyp liefert, zusammen mit besonderen Eigenschaften. Von der Mächtigkeit her liegen einfache Umwandlungen von einem Modell ins andere vor.

Sei (Σ, D) ein Abhängigkeitsalphabet und $\mathbb{M}(\Sigma, D)$ das zugehörige freie, partiell kommutative Monoid. Ein *asynchroner* Automat über (Σ, D) ist ein Tupel $\mathcal{A} = (Q, \delta, q_0, F)$ mit:

- $Q = \prod_{i=1}^{m} Q_i$ als endliche Menge der globalen Zustände, wobei Q_i, $1 \le i \le m$, als lokale Zustandsmengen bezeichnet werden;

- $q_0 \in Q$ als Anfangszustand und $F \subseteq Q$ als Menge der Endzustände;

- Zu jedem $a \in \Sigma$ ist ein Indexbereich $\mathrm{Dom}(a) \subseteq \{1, \dots, m\}$ so gegeben, daß gilt:
$$\mathrm{Dom}(a) \cap \mathrm{Dom}(b) = \emptyset \iff (a, b) \in I.$$

Dann ist $\delta \subseteq Q \times \Sigma \times Q$ die globale Übergangsrelation, die aus lokalen Übergangsrelationen $(\delta_a)_{a \in \Sigma}$ besteht, wobei

$$\delta_a \subseteq \prod_{i \in \mathrm{Dom}(a)} Q_i \times \prod_{i \in \mathrm{Dom}(a)} Q_i.$$

Ein *globaler a-Übergang* $q' \in \delta(q, a)$ ist definiert für $q = (q_i)_{i=1}^{m}$, $q' = (q_i')_{i=1}^{m}$, $a \in \Sigma$, wenn der lokale Übergang $(q_i')_{i \in \mathrm{Dom}(a)} \in \delta_a((q_i)_{i \in \mathrm{Dom}(a)})$ definiert ist. Dabei bewirkt der Übergang nur Änderungen für die lokalen Zuständen, die zum Bereich von a gehören:

$$(q_i')_{i=1}^{m} \in \delta((q_i)_{i=1}^{m}, a) \iff \begin{cases} (q_i')_{i \in \mathrm{Dom}(a)} \in \delta_a((q_i)_{i \in \mathrm{Dom}(a)}) \\ q_i' = q_i, \text{ falls } i \notin \mathrm{Dom}(a). \end{cases}$$

Der Automat ist *deterministisch*, wenn alle δ_a (partiell definierte) Funktionen sind. Als Automat über Σ^* gesehen, hat ein asynchroner Automat die I-Diamant Eigenschaft und akzeptiert damit mit $w \in \Sigma^*$ alle zu w äquivalenten

Wörter (bzgl. der partiellen Kommutation (Σ, I)). Daher kann die Spursprache die von $\mathcal{A}$ erkannt wird, durch $L(\mathcal{A}) = \{t \in \mathbb{M}(\Sigma, D) \mid \delta(q_0, u) \in F \text{ für ein } u \in \varphi^{-1}(t)\}$ definiert werden.

Durch die verteilte endliche Kontrolle können in asynchronen Automaten zwei unabhängige Aktionen (Übergänge) parallel ablaufen. Fassen wir die Zustandsübergänge im Automaten als Lese-Schreibe-Operationenpaar auf, so erlaubt die Kontrollstruktur eines asynchronen Automaten simultanes Lesen *und* Schreiben, solange die Lese/Schreibe-Bereiche disjunkt sind. Diese Zugriffseinschränkung ist von P-RAMs (parallel random access machines) als exclusive-read-exclusive-write Eigenschaft bekannt. Im Gegensatz dazu stehen die asynchron-zellulären Automaten, die simultanes Lesen erlauben und Schreibe-Operationen nur im eigenen Bereich zulassen:

Ein *asynchron-zellulärer* Automat über dem Abhängigkeitsalphabet (Σ, D) ist ein Tupel $\mathcal{A} = ((Q_a)_{a\in\Sigma}, \delta = (\delta_a)_{a\in\Sigma}, q_0, F)$ mit:

- $Q = (Q_a)_{a\in\Sigma}$ als endliche Menge von globalen Zuständen, mit Q_a, $a \in \Sigma$, als lokale Zustandsmengen;

- $q_0 \in Q$ als Anfangszustand und $F \subseteq Q$ als Menge der Endzustände;

- $\delta \subseteq Q \times \Sigma \times Q$ als globale Übergangsrelation, die aus lokalen Übergangsrelationen $(\delta_a)_{a\in\Sigma}$ besteht, wobei $\delta_a \subseteq (\prod_{b\in D(a)} Q_b) \times Q_a$.

Der Automat heißt *deterministisch*, wenn δ_a eine (partiell definierte) Funktion ist, für alle $a \in \Sigma$.

Die globale Übergangsrelation $\delta \subseteq Q \times \Sigma \times Q$ des asynchron-zellulären Automaten $\mathcal{A}$ ist definiert durch:

$$(q'_b)_{b\in\Sigma} \in \delta((q_b)_{b\in\Sigma}, a) \quad \Leftrightarrow \quad \begin{cases} q'_a \in \delta_a((q_b)_{b\in D(a)}) \\ q'_c = q_c & c \neq a \end{cases}$$

Damit kann die von $\mathcal{A}$ akzeptierte Spursprache $L(\mathcal{A})$ analog zu asynchronen Automaten definiert werden durch $L(\mathcal{A}) = \{t \in \mathbb{M}(\Sigma, D) \mid \delta(q_0, u) \in F \text{ für ein } u \in \varphi^{-1}(t)\}$.

Im asynchron-zellulären Fall ist also die Existenz eines Folgezustands $q' \in Q$ von q nur durch diejenigen lokalen Komponenten des Zustands q bedingt, die in Abhängigkeit von a stehen. Der a-Übergang bewirkt lediglich eine Änderung der a-Komponente des globalen Zustands, wobei der neue Wert durch die Komponenten q_b mit $b \in D(a)$ festgelegt wird. Wie oben bereits bemerkt, entspricht die Einschränkung der Lese-Schreibe-Operationen der concurrent-read-owner-write–Einschränkung für P-RAMs: Simultanes Lesen ist erlaubt, während Schreibe-Operationen nur im eigenen Bereich, Q_a, zugelassen sind.

Im folgenden verwenden wir für einen asynchron-zellulären Automaten $\mathcal{A}$, und $A \subseteq \Sigma$, $q \in Q$, die Abkürzungen Q_A für $\prod_{b \in A} Q_b$ und q_A für $\prod_{b \in A} q_b$. Insbesondere hat also $q_{D(a)}$ die Bedeutung $\prod_{b \in D(a)} q_b$, d.h., $q_{D(a)}$ ist die Projektion eines globalen Zustands $q \in Q = Q_\Sigma$ auf die lokalen Komponenten $b \in D(a)$.

Wir verwenden vorwiegend asynchron-zelluläre Automaten aufgrund einiger besonderen Eigenschaften, die durch die Konstruktion von Zielonka entstehen. Da wir diese Eigenschaften häufiger benötigen werden, sollen an dieser Stelle die Grundzüge der Konstruktion von Zielonka zusammengefaßt werden (die Beweise können z.B. [Die90, CMZ90] entnommen werden).

Die Erkennbarkeit von Spursprachen durch deterministische, asynchron-zelluläre Automaten basiert auf einer genauen Analyse der partiellen Ordnung, die eine Spur darstellt. Von großer Bedeutung im Zusammenhang mit dem Automatenmodell sind gewisse Präfixe von Spuren, die wir im folgenden einführen. Für $A \subseteq \Sigma$ und $t \in \mathbb{M}(\Sigma, D)$ sei $\partial_A(t)$ das kleinste Präfix von t, das alle Vorkommen aller Buchstaben aus A in t enthält. Mit $\partial_a(t)$ statt $\partial_{\{a\}}(t)$, $a \in \Sigma$, bedeutet dies formal:

$$\partial_a(t) = \sqcap\{\, u \leq t \mid |t|_a = |u|_a \,\} \quad \text{und} \quad \partial_A(t) = \bigsqcup_{a \in A} \partial_a(t) \,.$$

Insbesondere gilt: $\partial_\emptyset(t) = 1$, bzw. $\partial_\Sigma(t) = t = \partial_{\max(t)}(t)$. Es ist leicht zu sehen, daß $\partial_a(ta) = \partial_{D(a)}(t)a$ für alle $t \in \mathbb{M}(\Sigma, D)$, $a \in \Sigma$ gilt.

Die Konstruktion von Zielonka beruht auf der (verteilten) Berechnung sogenannter *asynchronen Abbildungen* (asynchronous mapping, siehe e.g. [Die90]). Es handelt sich dabei um Abbildungen $\mu : \mathbb{M}(\Sigma, D) \to Q$ für eine Menge Q, die für alle $t \in \mathbb{M}(\Sigma, D)$, $a \in \Sigma$ und $A, B \subseteq \Sigma$, die folgenden Eigenschaften erfüllen:

- Der Wert $\mu(\partial_{A \cup B}(t))$ ist durch die Werte $\mu(\partial_A(t))$ und $\mu(\partial_B(t))$ eindeutig festgelegt.

- Der Wert $\mu(\partial_a(ta)) = \mu(\partial_{D(a)}(t)a)$ ist durch den Buchstaben a und den Wert $\mu(\partial_{D(a)}(t))$ eindeutig festgelegt.

Zwischen asynchronen Abbildungen und asynchron-zellulären Automaten besteht ein grundlegender Zusammenhang, ähnlich wie zwischen Homomorphismen und endlichen Automaten, wie dies im folgenden gezeigt wird.

Bemerkung Es seien eine asynchrone Abbildung $\mu : \mathbb{M}(\Sigma, D) \to Q$ und eine Menge $R \subseteq Q$ gegeben. Dann wird die Sprache $\mu^{-1}(R) \subseteq \mathbb{M}(\Sigma, D)$ vom (deterministischen) Automaten $\mathcal{A}_\mu = (Q^\Sigma, \Sigma, \delta, q_0, F)$ erkannt, mit:

$$\delta : Q^\Sigma \times \Sigma \to Q^\Sigma,$$
$$\delta(q, a) = q', \text{ mit } q = (q_b)_{b \in \Sigma}, \ q' = (q'_b)_{b \in \Sigma}, \text{ wobei für ein } t \in \mathbb{M}(\Sigma, D) :$$
$$q_b = \mu(\partial_b(t)), \ q'_b = \mu(\partial_b(ta)), \text{ für alle } b \in \Sigma.$$

Man beachte, daß ein a-Übergang nur die a-Komponente des globalen Zustands $(\mu(\partial_b(t)))_{b \in \Sigma}$ ändert, denn es gilt für $b \neq a$: $\partial_b(ta) = \partial_b(t)$. Desweiteren hängt der neue lokale a-Zustand $\mu(\partial_a(ta))$ nur von a und dem Wert $\mu(\partial_{D(a)}(t))$ ab, und letzteres ist eindeutig durch die lokalen Zustände $\mu(\partial_b(t))$ mit $b \in D(a)$ bestimmt. Damit ist gezeigt, daß δ wohldefiniert ist und der Übergangsfunktion eines asynchron-zellulären Automaten entspricht.

Der Anfangszustand sei $q_0 = (\mu(1))_{a \in \Sigma}$ und die Menge der Endzustände sei gegeben durch $F = \{ (\mu(\partial_a(t)))_{a \in \Sigma} \mid \mu(t) \in R \}$. Man beachte außerdem, daß für alle $t \in \mathbb{M}(\Sigma, D)$ gilt: $\delta(q_0, t) = (\mu(\partial_a(t)))_{a \in \Sigma}$.

Nehmen wir nun an, daß eine erkennbare Spursprache $K \subseteq \mathbb{M}(\Sigma, D)$ durch einen Homomorphismus $\eta : \mathbb{M}(\Sigma, D) \to S$ gegeben ist, wobei S ein endliches Monoid ist. Die Konstruktion von Zielonka besteht darin, eine endliche Menge Q und eine asynchrone Abbildung $\mu : \mathbb{M}(\Sigma, D) \to Q$ so zu bestimmen, daß der Homomorphismus η durch μ faktorisiert wird. D.h., es wird eine Abbildung $\pi : Q \to S$ derart angegeben, daß $\eta = \pi \circ \mu$ gilt (siehe Abb. 2.3). Mit $R = \pi^{-1}(\eta(K))$ akzeptiert dann der oben beschriebene asynchron-zelluläre Automat $\mathcal{A}_\mu$ genau die Sprache K.

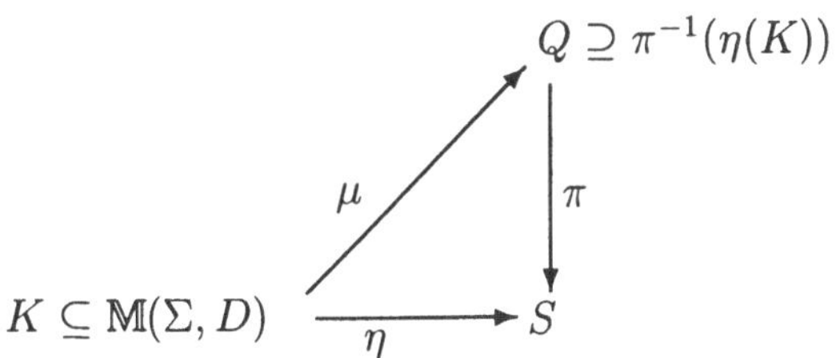

Abbildung 2.3: $\eta = \pi \circ \mu$

Eine grundlegende Eigenschaft des Automaten $\mathcal{A}_\mu$, der aus der obigen Konstruktion entsteht, betrifft die lokalen Zustände der maximalen Elemente $\max(t)$ der Eingabespur t: Haben zwei Spuren $t_1, t_2 \in \mathbb{M}(\Sigma, D)$ dieselben maximalen Elemente, $\max(t_1) = \max(t_2) = M$, und es gilt $\delta(q_0, t_1)_M = \delta(q_0, t_2)_M$, so folgt damit: $t_1 \in L(\mathcal{A}) \iff t_2 \in L(\mathcal{A})$. Dies bedeutet, daß die lokalen Zustände der maximalen Elemente einer Spur die Akzeptanz durch den Automaten festlegen. Diese Eigenschaft folgt leicht mit $t = \partial_{\max(t)}(t)$, womit der Wert $\mu(t)$ durch die Menge $\{\mu(\partial_a(t)) \mid a \in \max(t)\}$ festgelegt ist (beachte die Definition einer asynchronen Abbildung). Diese Eigenschaft wird in Kapitel 3 bei der Konstruktion deterministischer, asynchron-zellulärer Muller Automaten eine wichtige Rolle spielen.

2.3 Erkennbare Sprachen reeller Spuren

Wir haben erkennbare Sprachen endlicher Spuren mittels erkennender Homomorphismen (bzw. Kongruenzen mit endlichem Index) eingeführt und dabei gesehen, daß die Existenz geeigneter deterministischer Automaten ein schwieriges Problem darstellt. Für Sprachen reeller Spuren ist daher nicht zu erwarten, daß wir für Erkennbarkeit auf Automaten zurückgreifen können, zumal die natürliche Einschränkung auf Automaten mit I-Diamant Eigenschaft im Gegensatz zu $\mathbb{M}(\Sigma, D)$ ungeeignet ist. Wie wir nämlich in Kapitel 7 sehen werden, ist für Büchi bzw. Muller Automaten mit I-Diamant Eigenschaft die Abgeschlossenheit der akzeptierten Sprache unter partieller Kommutation $\equiv_I$ nicht mehr gewährleistet.

Erkennbare Sprachen reeller Spuren wurden daher mit dem allgemeinen Ansatz erkennender Homomorphismen in [Gas91] eingeführt.

Sei S ein endliches Monoid und $\eta : \mathbb{M}(\Sigma, D) \to S$ ein Monoid-Homomorphismus. Wir sagen, daß eine Spursprache $L \subseteq \mathbb{R}(\Sigma, D)$ von η *erkannt* wird, wenn für beliebige Folgen von endlichen Spuren $(t_n)_{n \geq 0}, (t'_n)_{n \geq 0} \subseteq \mathbb{M}(\Sigma, D)$, mit $\eta(t_n) = \eta(t'_n)$ für alle $n \geq 0$, gilt:

$$t_0 t_1 \ldots \in L \quad \iff \quad t'_0 t'_1 \ldots \in L.$$

Definition 2.3.1 *[Gas91] Sei* $L \subseteq \mathbb{R}(\Sigma, D)$. *$L$ heißt* erkennbar, *wenn ein Monoid S und ein Homomorphismus $\eta : \mathbb{M}(\Sigma, D) \to S$ derart existieren, daß L von η erkannt wird.*

Mit $\mathrm{Rec}(\mathbb{R}(\Sigma, D))$ *wird die Familie der erkennbaren Sprachen aus $\mathbb{R}(\Sigma, D)$ bezeichnet.*

Wir schreiben durchgehend $\mathrm{Rec}(\mathbb{R})$ (bzw. $\mathrm{Rec}(\mathbb{M})$) statt $\mathrm{Rec}(\mathbb{R}(\Sigma, D))$ (bzw. $\mathrm{Rec}(\mathbb{M}(\Sigma, D))$), wenn die Abhängigkeitsrelation (Σ, D) aus dem Kontext hervorgeht. Wie im Spezialfall der ω-Sprachen läßt sich eine Sprache $L \in \mathrm{Rec}(\mathbb{R})$, die von einem Homomorphismus $\eta : \mathbb{M}(\Sigma, D) \to S$ erkannt wird, als

$$L = \bigcup_{(s,e)\in P_L} \eta^{-1}(s)\eta^{-1}(e)^\omega$$

darstellen, mit $(s, e) \in P_L$ genau dann, wenn $se = s$, $e^2 = e$ in S gelten und $\eta^{-1}(s)\eta^{-1}(e)^\omega \cap L \neq \emptyset$ (bzw. äquivalent dazu: $L \supseteq \eta^{-1}(s)\eta^{-1}(e)^\omega \neq \emptyset$). Die algebraischen Eigenschaften im Zusammenhang mit erkennbaren Sprachen übertragen sich leicht von ω-Sprachen auf reelle Spuren. Die syntaktische Kongruenz von Arnold [Arn85] wird beispielsweise für $L \subseteq \mathbb{R}(\Sigma, D)$ analog zu Σ^ω erklärt. Der einzige Unterschied besteht darin, daß endliche Spuren gleichzeitig berücksichtigt werden, denn $\mathbb{M}(\Sigma, D) \subseteq \mathbb{R}(\Sigma, D)$. Generell wird es im Spurfall natürlicher erscheinen, endliche und unendliche (reelle) Spuren gleich zu behandeln. Die syntaktische Kongruenz $\sim_L \subseteq \mathbb{M}(\Sigma, D) \times \mathbb{M}(\Sigma, D)$ zu $L \subseteq \mathbb{R}(\Sigma, D)$ ist gegeben durch:

$$\begin{aligned}
u \sim_L v \quad &\Longleftrightarrow \quad \forall x, y, z \in \mathbb{M}(\Sigma, D) : \\
&\quad xuyz^\omega \in L \Leftrightarrow xvyz^\omega \in L, \text{ und} \\
&\quad x(uy)^\omega \in L \Leftrightarrow x(vy)^\omega \in L.
\end{aligned}$$

Das Quotientenmonoid $\mathbb{M}(\Sigma, D)/_{\sim_L}$ wird, wie üblich, das *syntaktische Monoid* von L genannt und mit $\mathrm{Synt}(L)$ bezeichnet. In Analogie zu den Spezialfällen Σ^∞ bzw. $\mathbb{M}(\Sigma, D)$ kann gezeigt werden, daß die syntaktische Kongruenz gröber ist als jede Kongruenz $\sim \subseteq \mathbb{M}(\Sigma, D) \times \mathbb{M}(\Sigma, D)$ mit der Eigenschaft:

$$\begin{aligned}
&\forall (u_n)_{n\geq 0}, (v_n)_{n\geq 0} \subseteq \mathbb{M}(\Sigma, D) : \\
&\quad u_n \sim v_n, \forall n \geq 0 \implies (u_0 u_1 \ldots \in L \Leftrightarrow v_0 v_1 \ldots \in L).
\end{aligned}$$

Im allgemeinen wird jedoch eine Sprache $L \subseteq \mathbb{R}(\Sigma, D)$ nicht vom syntaktischen Homomorphismus $\eta : \mathbb{M}(\Sigma, D) \to \mathrm{Synt}(L)$ erkannt, wie wir bereits für ω-Sprachen gesehen haben, wohl aber falls $L \in \mathrm{Rec}(\mathbb{R})$ gilt. Der folgende Satz faßt drei algebraische Charakterisierungen von Erkennbarkeit im Kontext reeller Spuren zusammen:

Satz 2.3.2 *[Gas91] Eine reelle Spursprache $L \subseteq \mathbb{R}(\Sigma, D)$ ist genau dann erkennbar, wenn eine der folgenden äquivalenten Bedingungen erfüllt ist:*

1. *$\varphi^{-1}(L) \subseteq \Sigma^\infty$ ist eine erkennbare Wortsprache, wobei $\varphi : \Sigma^\infty \to \mathbb{R}(\Sigma, D)$ die kanonische Abbildung bezeichnet. (D.h., $\varphi^{-1}(L) \cap \Sigma^*$ und $\varphi^{-1}(L) \cap \Sigma^\omega$ sind beide erkennbar.)*

2. *Es existieren ein endliches Monoid S und ein Monoid-Homomorphismus $\eta : \mathbb{M}(\Sigma, D) \to S$ so, daß L von η erkannt wird.*

3. *Das syntaktische Monoid von L,* $\mathrm{Synt}(L)$, *ist endlich und der syntaktische Homomorphismus* $\eta : \mathbb{M}(\Sigma, D) \to \mathrm{Synt}(L)$ *erkennt L.*

Bemerkung $\mathrm{Rec}(\mathbb{R})$ ist eine Boolesche Algebra. Dies folgt z.B. aus der ersten der obigen Charakterisierungen, zusammen mit der Tatsache, daß die Familie der erkennbaren Sprachen aus Σ^∞ eine Boolesche Algebra bildet (φ^{-1} kommutiert mit den Booleschen Operationen).

Die Erkennung von Sprachen aus $\mathbb{R}(\Sigma, D)$ durch asynchron-zelluläre Automaten erfordert geeignete (zusätzliche) Akzeptanzbedingungen für unendliche Spuren. In Anlehnung an die Büchi bzw. Muller Bedingung, die wir für ω-Sprachen in Kapitel 1 betrachtet haben, wurden ähnliche verteilte Bedingungen vorgeschlagen [GP92], die wir im folgenden beschreiben.

Sei $r = q_0, a_0, q_1, a_1, \ldots$ eine unendliche (globale) Berechnung eines asynchron-zellulären Automaten $\mathcal{A} = ((Q_a)_{a \in \Sigma}, (\delta_a)_{a \in \Sigma}, q_0, F)$, d.h. mit $q_n \in Q_\Sigma$ und $a_n \in \Sigma$ für alle $n \geq 0$ so, daß $q_{n+1} \in \delta(q_n, a_n)$. Wie bereits erwähnt, werden wir lokale Akzeptanzbedingungen einführen. Wir betrachten daher diejenigen lokalen Zustände, die auf dem Übergangspfad r unendlich oft vorkommen. Sei also $\inf_a(r) = \{q_a \in Q_a \mid \exists^\infty n : (q_n)_a = q_a\}$ die Menge der in r unendlich oft vorkommenden lokalen a-Zustände, $a \in \Sigma$. Der asynchron-zelluläre Automat $\mathcal{A}$ wird nun um eine Tafel $\mathcal{T} \subseteq \prod_{a \in \Sigma} \mathcal{P}(Q_a)$ erweitert. Mit $\mathcal{T}$ können unendliche Berechnungen r gemäß den Mengen von lokalen Zuständen $(\inf_a(r))_{a \in \Sigma}$ akzeptiert werden.

Die (lokale) Büchi Bedingung spezifiziert lokale Zustände, die unendlich oft vorkommen müssen, damit die Berechnung akzeptiert. Die (lokale) Muller Bedingung gibt für jeden lokalen Zustand an, ob er in einer akzeptierenden Berechnung unendlich oft vorkommt.

Definition 2.3.3 *Sei $\mathcal{A} = ((Q_a)_{a \in \Sigma}, (\delta_a)_{a \in \Sigma}, q_0, F, \mathcal{T})$ ein asynchron-zellulärer Automat, mit $F \subseteq Q_\Sigma = \prod_{a \in \Sigma} Q_a$, $\mathcal{T} \subseteq \prod_{a \in \Sigma} \mathcal{P}(Q_a)$. Sei $r = q_0, a_0, q_1, a_1, \ldots$ eine Berechnung von $\mathcal{A}$ auf $w = a_0 a_1 \ldots$.*

Die Berechnung r wird mit der Büchi Bedingung $\mathcal{T}$ akzeptiert, wenn ein $T \in \mathcal{T}$ existiert, mit

$$T_a \subseteq \inf_a(r), \ \forall a \in \Sigma.$$

Die Berechnung wird mit der Muller Bedingung $\mathcal{T}$ akzeptiert, wenn ein $T \in \mathcal{T}$ existiert, mit

$$T_a = \inf_a(r), \ \forall a \in \Sigma.$$

Die vom Büchi bzw. Muller asynchron-zellulären Automaten $\mathcal{A}$ erkannte Sprache $L(\mathcal{A}) \subseteq \mathbb{R}(\Sigma, D)$ ist gegeben durch

$$
\begin{aligned}
L(\mathcal{A}) \;=\; & \{t \in \mathbb{R}(\Sigma, D) \mid \exists w \in \Sigma^\omega : \varphi(w) = t \text{ und es existiert} \\
& \qquad\qquad \text{eine akzeptierende Berechnung von } \mathcal{A} \text{ auf } w\} \\
& \cup \{t \in \mathbb{M}(\Sigma, D) \mid \delta(q_0, t) \cap F \neq \emptyset\}\,.
\end{aligned}
$$

Um die Wohldefiniertheit der obigen Definition einsehen zu können, genügt folgende Eigenschaft äquivalenter ω-Wörter. Für $w, w' \in \Sigma^\omega$ mit $\varphi(w) = \varphi(w')$ und jede Berechnung $r \in R_A(w)$ existiert eine Berechnung $r' \in R_A(w')$ mit $\inf_a(r) = \inf_a(r')$, für alle $a \in \Sigma$. Dafür kann folgende Charakterisierung benutzt werden ([DGP95]):

$$
\begin{aligned}
\varphi(w) = \varphi(w') \;\Longleftrightarrow\; & \exists (x_n)_{n \geq 0},\ (x'_n)_{n \geq 0},\ (y_n)_{n \geq 0},\ (z_n)_{n \geq 0} \subseteq \Sigma^* \text{ mit:} \\
& w = x_0 x_1 \ldots,\ w' = x'_0 x'_1 \ldots \text{ und} \\
& \varphi(x_n) = \varphi(y_n z_n),\ \varphi(x'_n) = \varphi(z_{n-1} y_n) \quad (\text{mit } z_{-1} := 1).
\end{aligned}
$$

Bemerkung Alternativ können asynchrone Büchi bzw. Muller Automaten betrachtet werden, d.h., asynchrone Automaten $\mathcal{A} = ((Q_i)_{i=1}^m, (\delta_a)_{a \in \Sigma}, q_0, F)$, die um eine Tafel $\mathcal{T} \subseteq \prod_{i=1}^m \mathcal{P}(Q_i)$ erweitert werden. Die Akzeptanz der Berechnungen richtet sich erneut nach den unendlich oft vorkommenden lokalen Zuständen.

Wir wollen anhand eines einfachen Beispiels die beiden Akzeptanzbedingungen für reelle Spuren vergleichen:

Beispiel 2.3.4 Es seien (Σ, D) mit $b, c \in \Sigma$, $b \neq c$ und D beliebig, und der asynchron-zelluläre Automat $\mathcal{A} = ((Q_a)_{a \in \Sigma}, (\delta_a)_{a \in \Sigma}, q_0, F, \mathcal{T})$ über (Σ, D) gegeben, mit

1. $Q_a = \{(q_0)_a\}$ und $\delta_a(q_{D(a)}) = (q_0)_a$ für alle q und $a \neq b, c$.

2. Für $x \in \{b, c\}$ sei $Q_x = \{(q_0)_x, r_x\}$ und

$$
\delta_x(q_{D(x)}) = \begin{cases} r_x & \text{falls } q_x = (q_0)_x \\ (q_0)_x & \text{falls } q_x = r_x \end{cases}
$$

3. $F = \emptyset$.

4. $\mathcal{T} = \{T\}$ mit $T = (\prod_{a \in \Sigma \setminus \{b,c\}} Q_a) \times Q_b \times \{(q_0)_c\}$.

Es ist leicht zu sehen, daß der obige Automat mit der Muller Bedingung die Sprache $L(\mathcal{A}) = \{t \in \mathbb{R}(\Sigma, D) \mid b \in \text{alphinf}(t)$ und $|t|_c$ endlich, gerade$\}$ erkennt. Als Büchi Automat hingegen, erkennt er die Sprache $L(\mathcal{A}) = \{t \in \mathbb{R}(\Sigma, D) \mid b \in \text{alphinf}(t)$ und $(|t|_c = \infty$ oder $|t|_c$ gerade$)\}$.

An dieser Stelle sei auch angemerkt, daß Sprachen der Art $\text{Inf}(A) := \{t \in \mathbb{R}(\Sigma, D) \mid \text{alphinf}(t) = A\}$ bzw. $\mathbb{R}_A := \{t \in \mathbb{R}(\Sigma, D) \mid D(\text{alphinf}(t)) = D(A)\}$ erkennbar sind. Es genügt dafür, den obigen Automaten geeignet zu erweitern.

Die erste automatentheoretische Charakterisierung erkennbarer reeller Spursprachen durch asynchrone Automaten geht auf die Arbeiten von P. Gastin und A. Petit zurück [GP92]:

Theorem 2.3.5 $\text{Rec}(\mathbb{R})$ *ist äquivalent zur Familie der reellen Spursprachen, die durch nichtdeterministische, asynchrone (-zelluläre) Büchi Automaten erkannt werden.*

Die Konstruktion von P. Gastin und A. Petit ist modularer Natur und hat als Ausgangspunkt die Darstellung einer erkennbaren reellen Spursprache mittels rationaler Ausdrücke. Ihre Konstruktion ist daher aufgrund der Konkatenation (und ω-Iteration) innerhalb der rationalen Darstellung inhärent nichtdeterministisch. Wir werden im Kapitel 3 unter Verwendung eines algebraischen Ansatzes eine Konstruktion deterministischer asynchron-zellulärer Muller Automaten für $\text{Rec}(\mathbb{R})$ angeben, womit eine der wichtigen Fragen der Theorie der reellen Spuren (siehe auch [GP92]) beantwortet wird.

Zum Abschluß dieser Einführung in Erkennbarkeit im Kontext reeller Spuren sei auf zwei weitere Charakterisierungen von $\text{Rec}(\mathbb{R})$ verwiesen. Zunächst sei $\text{c-Rat}(\mathbb{R}(\Sigma, D))$ die Familie der c-rationalen Sprachen aus $\mathbb{R}(\Sigma, D)$, d.h., die kleinste Familie von Sprachen aus $\mathbb{R}(\Sigma, D)$, die $\emptyset$ und $\{a\}$, $a \in \Sigma$, enthält und unter Vereinigung $\cup$, Konkatenation $\cdot$, Kleene- und ω-Iteration abgeschlossen ist, wobei die Iteration auf zusammenhängende Sprachen eingeschränkt ist (eine Spursprache L ist zusammenhängend, wenn jedes $t \in L$ als Abhängigkeitsgraph gesehen zusammenhängend ist). Dann gilt:

Theorem 2.3.6 ([GPZ91]) *Es gilt:*

$$\text{Rec}(\mathbb{R}(\Sigma, D)) = \text{c-Rat}(\mathbb{R}(\Sigma, D)).$$

Weiterhin betrachten wir die monadische Logik zweiter Stufe, deren Formeln ausgehend von den Prädikaten $x \leq y$, $x \in X$ und $P_a(x)$ gebildet werden, unter Verwendung der Booleschen Junktoren $\wedge, \vee, \neg$ und der Quantoren $\exists, \forall$. Dabei bezeichnen x, y Individuenvariablen und X eine Mengenvariable; das Prädikat $P_a(x)$ bedeutet, daß x mit $a \in \Sigma$ beschriftet ist, und die Relation $\leq$ wird durch die partielle Ordnung auf Spuren interpretiert. Damit gilt:

Theorem 2.3.7 *[EM]* $\mathrm{Rec}(\mathbb{R})$ *ist äquivalent zur Familie der reellen Spursprachen, die durch Formeln der monadischen Logik zweiter Stufe definierbar sind.*

Bevor wir uns nur noch mit reellen Spuren befassen, behandeln wir in der folgenden Übung den Zusammenhang zwischen unendlichen Spuren und das Problem der Konkatenation.

Übung 10 Komplexe Spuren *sind aus der Forderung nach einer stetigen Konkatenation auf unendlichen Spuren entstanden [Die91].*
Sei $t \in \mathbb{G}(\Sigma, D)$. Dann bezeichnet $Re(t)$ den Realteil von $t = [V, E, \lambda]$, d.h.,

$$Re(t) = \sqcup\{u \in \mathbb{R}(\Sigma, D) \mid u \leq t\} \in \mathbb{R}(\Sigma, D),$$

und $Tr(t)$ mit $t = Re(t)\,Tr(t)$ ist der transfinite Teil von t (wegen der Linkskürzbarkeit in $\mathbb{G}(\Sigma, D)$ ist $Tr(t)$ eindeutig definiert).
Weiterhin sei $\mathrm{alphinf}(t) = \{a \in \Sigma \mid |t|_a = \infty\} \cup \mathrm{alph}(Tr(t))$.
Sei $\sim$ die gröbste Kongruenz auf $\mathbb{G}(\Sigma, D)$, mit der Eigenschaft:

$$\forall s, t \in \mathbb{G}(\Sigma, D) : \ s \sim t \implies Re(s) = Re(t).$$

Dann wird das Quotientenmonoid $\mathbb{G}(\Sigma, D)/\sim$ das Monoid komplexer Spuren genannt und mit $\mathbb{C}(\Sigma, D)$ bezeichnet.

1. *Für $t \in \mathbb{G}(\Sigma, D)$, $A \subseteq \Sigma$ sei $\mu_A(t)$ das Präfix $\sqcup\{u \leq Re(t) \mid \mathrm{alph}(u) \times A \subseteq I\}$. Zeigen Sie für $s, t \in \mathbb{G}(\Sigma, D)$ mit $A = \mathrm{alphinf}(s)$:*

$$\begin{aligned}
Re(st) &= Re(s)\mu_A(t), \\
\mathrm{alphinf}(st) &= \mathrm{alphinf}(s) \cup \mathrm{alphinf}(t) \cup \mathrm{alph}(\mu_A(t)^{-1}Re(t)).
\end{aligned}$$

2. *Zeigen Sie für $s, t \in \mathbb{G}(\Sigma, D)$: es gilt $s \sim t$ genau dann, wenn*

$$Re(s) = Re(t) \ und \ D(\mathrm{alphinf}(s)) = D(\mathrm{alphinf}(t)).$$

Mit der vorhergehenden Aufgabe kann jedes $t \in \mathbb{C}(\Sigma, D)$ als Paar $(r, D(A))$ dargestellt werden, mit $r = Re(t)$ und $D(A) = D(\mathrm{alphinf}(t))$ für ein $t \in \mathbb{G}(\Sigma, D)$.

3. *Zeigen Sie: mit $r \in \mathbb{R}(\Sigma, D)$, $A \subseteq \Sigma$ gilt $(r, A) \in \mathbb{C}(\Sigma, D)$ genau dann, wenn ein $f \in \mathbb{M}(\Sigma, D)$ existiert so, daß $A = D(\mathrm{alph}(f))$ und $\min(f) \subseteq \mathrm{alphinf}(r) \subseteq \mathrm{alph}(f)$.*

4. *Zeigen Sie, daß die von $\mathbb{G}(\Sigma, D)$ geerbte Konkatenation auf $\mathbb{C}(\Sigma, D)$ gegeben ist durch:*

$$(r, D(A))(s, D(B)) = (r\mu_A(s), D(A \cup B \cup \mathrm{alph}(\mu_A(s)^{-1}s))).$$

Die Präfixmetrik auf ω-Wörter, die wir in Abschnitt 1.3 eingeführt haben, kann auf Σ^∞ mittels $d_{\mathrm{pref}} : \Sigma^\infty \times \Sigma^\infty \to \mathbb{R}$ erweitert werden, wobei $d_{\mathrm{pref}}(x, y) = 2^{-r_{\mathrm{pref}}(x,y)}$, mit

$$r_{\mathrm{pref}}(x, y) = \sqcup\{n \geq 0 \mid \forall z, |z| \leq n : (z \leq x \Leftrightarrow z \leq y)\}.$$

5. *Zeigen Sie, daß $(\Sigma^\infty, d_{\mathrm{pref}})$ ein metrischer Raum ist, der die Vervollständigung von $(\Sigma^*, d_{\mathrm{pref}})$ darstellt. Zeigen Sie desweiteren, daß die Konkatenation auf Σ^∞ stetig ist, wobei xy für $x \in \Sigma^\omega$, $y \in \Sigma^\infty$ durch $xy = x$ definiert ist.*

Für unendliche Spuren genügt die Präfixmetrik nicht mehr. Beispielsweise gilt für $(\Sigma, D) = a - b - c$: $d_{\mathrm{pref}}(a^n b, a^n) = 2^{-n}$, aber $d_{\mathrm{pref}}(a^n bc, a^n c) = 1$. Für Spuren wird daher eine Metrik betrachtet, die Suffixe mitberücksichtigt. Sei $d : \mathbb{G}(\Sigma, D) \times \mathbb{G}(\Sigma, D) \to \mathbb{R}$ gegeben durch $d(s, t) = 2^{-r(s,t)}$, mit

$$r(s, t) = \sqcup\{n \geq 0 \mid \forall p \in \mathbb{M}(\Sigma, D), |p| < n : D(p^{-1}s) = D(p^{-1}t)\},$$

wobei $D(p^{-1}s) = D(p^{-1}t)$ bedeutet, daß $p^{-1}s, p^{-1}t$ entweder beide undefiniert sind, oder beide sind definiert und es gilt $D(\mathrm{alph}(p^{-1}s)) = D(\mathrm{alph}(p^{-1}t))$. Weiter gilt die Konvention $2^{-\infty} = 0$. Zeigen Sie:

6. *d ist eine Pseudo-Ultrametrik und es gilt für $s, t \in \mathbb{G}(\Sigma, D)$: $d(s, t) = 0$ ist äquivalent zu $s \sim t$.*

7. *Die Konkatenation auf $\mathbb{G}(\Sigma, D)$ (und damit auch auf $\mathbb{C}(\Sigma, D)$) ist stetig.*

Kapitel 3

Der Satz von McNaughton für reelle Spuren

Thema des vorliegenden Kapitels ist die Verallgemeinerung des Satzes von McNaughton [McN66] von ω-Sprachen auf Sprachen reeller Spuren. Wir beantworten mit der Charakterisierung der Familie der erkennbaren Sprachen reeller Spuren durch deterministische, asynchrone Muller Automaten eine der wesentlichen Fragen auf diesem Gebiet. Die Ergebnisse dieses Kapitels sind auch in [DM93, DM94] erschienen.

In den ersten beiden Abschnitten folgen wir dem Beweis von Schützenberger für den Satz von McNaughton, so wie er in [PP93] vorgestellt wird. Verallgemeinert zu Spursprachen wird der Beweis wesentlich technischer und aufwendiger, wobei die Grundideen beibehalten werden. Als erstes Ergebnis erhalten wir die Äquivalenz zwischen der Familie der erkennbaren reellen Spursprachen und dem Booleschen Abschluß der Familie der deterministischen reellen Spursprachen DRec($\mathbb{R}$). Letztere ergibt sich als natürliche Verallgemeinerung der deterministischen ω-Sprachen, wobei jedoch kein direkter Zusammenhang zu deterministischen (asynchronen) Büchi Automaten besteht, wie im Falle der ω-Sprachen. Wir diskutieren diesen Aspekt und begründen die Definition deterministischer Spursprachen in Kapitel 4.

Schließlich zeigen wir im letzten Abschnitt die Äquivalenz von Erkennbarkeit in $\mathbb{R}(\Sigma, D)$ und Akzeptanz durch deterministische, asynchron-zelluläre Muller Automaten. Dies ist erneut ein nichttrivialer Schritt, der auf grundlegenden Eigenschaften asynchron-zellulärer Automaten basiert.

3.1 Faktorisierungen reeller Spuren

Wir setzen in diesem Kapitel durchgehend voraus, daß S ein endliches Monoid ist und $\eta : \mathrm{M}(\Sigma, D) \to S$ ein surjektiver Monoid-Homomorphismus ist. Wir werden im folgenden die Bezeichnung $\mathrm{M}_s := \eta^{-1}(s)$ für $s \in S$ verwenden, ohne den darunterliegenden Homomorphismus η explizit zu erwähnen, falls keine Verwechslung auftreten kann. Weiterhin betrachten wir den präfixfreien Teil $\mathbb{P}_s$ von $\mathrm{M}_s \subseteq \mathrm{M}(\Sigma, D)$,

$$\mathbb{P}_s := \mathrm{M}_s \setminus \mathrm{M}_s \mathrm{M}_+ \qquad (\text{mit } \mathrm{M}_+ = \mathrm{M} \setminus \{1\}).$$

$\mathbb{P}_s$ besteht also aus den endlichen Spuren, die durch η auf s abgebildet werden und kein echtes Präfix mit dieser Eigenschaft besitzen.

Bezüglich dem Homomorphismus η werden wir im ganzen Abschnitt voraussetzen, daß er die folgende alphabetische Information implizit enthält. Für alle $t, t' \in \mathrm{M}(\Sigma, D)$ soll gelten: mit $\eta(t) = \eta(t')$ folgt auch $\mathrm{alph}(t) = \mathrm{alph}(t')$. Diese Eigenschaft kann leicht herbeigeführt werden, wenn S durch ein Untermonoid von $S \times \mathcal{P}(\Sigma)$ ersetzt wird, wobei die Multiplikation in $S \times \mathcal{P}(\Sigma)$ durch $(s, A)(s', A') = (ss', A \cup A')$ erklärt ist, $(1, \emptyset)$ die neue Identität bildet und $t \mapsto (\eta(t), \mathrm{alph}(t))$ den Homomorphismus η ersetzt. Aufgrund der Surjektivität von η können wir damit $\mathrm{alph}(s)$ für $s \in S$ definieren als $\mathrm{alph}(s) = \mathrm{alph}(t)$ für ein $t \in \eta^{-1}(s)$. Weiter wird die Menge der idempotenten Elemente von S, $\{e \in S \mid e^2 = e\}$, mit $E(S)$ bezeichnet.

Wie wir im Abschnitt 2.3 gesehen haben, kann eine Sprache $L \in \mathrm{Rec}(\mathbb{R})$, die von $\eta : \mathrm{M}(\Sigma, D) \to S$ erkannt wird, als endliche Vereinigung von Sprachen der Form $\mathrm{M}_s \mathrm{M}_e^\omega$ dargestellt werden, wobei $(s, e) \in P_L = \{(s, e) \mid se = s, e \in E(S), \mathrm{M}_s \mathrm{M}_e^\omega \cap L \neq \emptyset\}$. Da es sich im allgemeinen um keine disjunkte Vereinigung handelt, wollen wir zunächst untersuchen, unter welchen Bedingungen zwei Mengen $\mathrm{M}_s \mathrm{M}_e^\omega$ und $\mathrm{M}_{s'} \mathrm{M}_{e'}^\omega$ einen nichtleeren Durchschnitt haben.

Definition 3.1.1 *Zwei Paare* $(s, e), (s', e') \in S \times E(S)$ *mit* $se = s$ *und* $s'e' = s'$ *heißen* konjugiert[1], *wenn* $x, y \in S$ *derart existieren, daß gilt:*

$$e = xy, \quad e' = yx \quad und \quad s' = sx.$$

Bemerkung Def. 3.1.1 ist wegen $s = se = sxy = s'y$ symmetrisch. Desweiteren stellt die Konjugation eine Äquivalenzrelation auf der Menge $\{(s, e) \in S \times E(S) \mid se = s\}$ dar.

Der folgende Hilfssatz gibt uns nun eine Charakterisierung der Paare (s, e), (s', e'), für die $\mathrm{M}_s \mathrm{M}_e^\omega$ und $\mathrm{M}_{s'} \mathrm{M}_{e'}^\omega$ sich überlappen.

---

[1]Siehe [PP93].

Lemma 3.1.2 *Es seien S ein Monoid und $\eta : \mathbb{M}(\Sigma, D) \to S$ ein Homomorphismus. Weiterhin seien $s, s' \in S$ und $e, e' \in E(S)$ so, daß $se = s$ und $s'e' = s'$. Dann gilt $\mathbb{M}_s \mathbb{M}_e^\omega \cap \mathbb{M}_{s'} \mathbb{M}_{e'}^\omega \neq \emptyset$ genau dann, wenn (s, e) und (s', e') konjugiert sind.*

Beweis: Die Definition von konjugierten Paaren und die Surjektivität von η zeigen, daß die Bedingung hinreichend ist.

Umgekehrt sei $t \in \mathbb{M}_s \mathbb{M}_e^\omega \cap \mathbb{M}_{s'} \mathbb{M}_{e'}^\omega$ gegeben. Wir können also t auf zweifache Art faktorisieren, $t = t_0 t_1 \ldots = t_0' t_1' \ldots$ so, daß $t_0 \in \mathbb{M}_s$, $t_0' \in \mathbb{M}_{s'}$, $t_n \in \mathbb{M}_e$ und $t_n' \in \mathbb{M}_{e'}$, $n \geq 1$, gelten. Da wir konsekutive Faktoren t_n (bzw. t_n'), $n \geq 1$, wegen $e, e' \in E(S)$ zusammenfassen können, dürfen wir aus Symmetriegründen voraussetzen, daß für alle $n \geq 0$ gilt:

$$t_0' t_1' \cdots t_n' \leq t_0 t_1 \cdots t_n \leq t_0' t_1' \cdots t_{n+1}' \,.$$

Damit existieren Folgen $(u_n)_{n \geq 0}, (v_n)_{n \geq 0} \subseteq \mathbb{M}(\Sigma, D)$ mit:

$$
\begin{aligned}
t_0 t_1 \cdots t_n &= t_0' t_1' \cdots t_n' u_n \quad \text{und} \\
t_0' t_1' \cdots t_{n+1}' &= t_0 t_1 \cdots t_n v_n
\end{aligned}
$$

Daraus ergeben sich die Beziehungen

$$
\begin{aligned}
t_{n+1} &= v_n u_{n+1}, \quad t_{n+1}' = u_n v_n, \quad t_0 = t_0' u_0 \quad \text{und} \\
t &= t_0' u_0 v_0 u_1 v_1 \ldots \,.
\end{aligned}
$$

Es seien nun $0 \leq i < j$ so, daß $\eta(u_i) = \eta(u_j)$ gilt (man beachte, daß S endlich ist) und setze $x := \eta(u_i)$. Mit $y := \eta(v_i u_{i+1} \cdots v_{j-1})$ erhalten wir abschließend:

$$
\begin{aligned}
s &= \eta(t_0 t_1 \cdots t_i) = \eta(t_0' t_1' \cdots t_i')\eta(u_i) = s'x, \\
e' &= \eta(u_i v_i \cdots u_{j-1} v_{j-1}) = xy \quad \text{und} \\
e &= \eta(v_i u_{i+1} \cdots v_{j-1} u_j) = yx \,.
\end{aligned}
$$

$\square$

Korollar 3.1.3 *Es seien S ein Monoid, $\eta : \mathbb{M}(\Sigma, D) \to S$ ein Homomorphismus, und $L = \bigcup_{(s,e) \in P_L} \mathbb{M}_s \mathbb{M}_e^\omega$, wobei $P_L = \{ (s, e) \in S \times E(S) \mid se = s, L \supseteq \mathbb{M}_s \mathbb{M}_e^\omega \}$. Dann wird L von η genau dann erkannt, wenn P_L unter Konjugation abgeschlossen ist.*

Beweis: Wird L von η erkannt, so gilt auch $P_L = \{(s,e) \in S \times E(S) \mid se = s, \mathbf{M}_s \mathbf{M}_e^\omega \cap L \neq \emptyset\}$ und damit folgt die Aussage.

Sei P_L unter Konjugation abgeschlossen und sei $(s,e) \in S \times E(S)$ mit $se = s$ so, daß $\mathbf{M}_s \mathbf{M}_e^\omega \cap L \ni u$ für ein $u \in \mathbb{R}(\Sigma, D)$. Mit $u \in L$ existiert ein Paar $(s', e') \in P_L$ mit $u \in \mathbf{M}_{s'} \mathbf{M}_{e'}^\omega$, und dieses Paar ist nach Lemma 3.1.2 mit (s,e) konjugiert. Da schließlich P_L unter Konjugation abgeschlossen ist, erhalten wir $(s,e) \in P_L$. $\hfill\square$

Im folgenden verwenden wir für $A \subseteq \Sigma$ die in Bsp. 2.3.4 eingeführten Bezeichnungen $\mathrm{Inf}(A)$ und $\mathbb{R}_A$:

$$\mathrm{Inf}(A) = \{\, t \in \mathbb{R}(\Sigma, D) \mid \mathrm{alphinf}(t) = A \,\},$$
$$\mathbb{R}_A = \{\, t \in \mathbb{R}(\Sigma, D) \mid D(\mathrm{alphinf}(t)) = D(A) \,\},$$

wobei für $t \in \mathbb{R}(\Sigma, D)$ mit $\mathrm{alphinf}(t)$ das Alphabet $\{a \in \Sigma \mid |t|_a = \infty\}$ bezeichnet wurde. Speziell werden wir die Abkürzungen $\mathrm{Inf}(s)$ bzw. $\mathbb{R}_s$ für $s \in S$ verwenden, und zwar anstelle von $\mathrm{Inf}(A)$ bzw. $\mathbb{R}_A$, wobei $A = \mathrm{alph}(s)$.

Bemerkung Im Spezialfall der vollständigen Abhängigkeitsrelation $D = \Sigma \times \Sigma$ gilt $\mathbb{R}_A = \Sigma^\omega$ falls $A \neq \emptyset$, sowie $\mathbb{R}_\emptyset = \Sigma^*$.

Für die nun folgende Definition deterministischer Sprachen benötigen wir zuerst den für partielle Ordnungen üblichen Begriff einer gerichteten Menge:

Definition 3.1.4 *Eine nichtleere Menge* $Y \subseteq \mathbf{M}(\Sigma, D)$ *heißt* gerichtet, *wenn stets gilt, daß mit* $t_1, t_2 \in Y$ *eine obere Schranke t von t_1, t_2 mit $t \in Y$ existiert.*

Beispielsweise ist für $(a,b) \in I$ die Menge $Y = a^* b^*$ gerichtet, und es gilt: $\sqcup Y = a^\omega b^\omega$. In [GR93, Kwi90] wurde gezeigt, daß jede gerichtete Menge reeller Spuren ein Supremum besitzt. Diese Eigenschaft folgt aus der Betrachtung der mengentheoretischen Vereinigung der Abhängigkeitsgraphen.

Definition 3.1.5 *Sei $L \subseteq \mathbf{M}(\Sigma, D)$. Wir definieren*

$$\overrightarrow{L} = \{t \in \mathbb{R}(\Sigma, D) \mid t = \sqcup Y \text{ für eine gerichtete Menge } Y \subseteq L\}.$$

Eine deterministische *reelle Spursprache ist eine endliche Vereinigung von Sprachen* $\overrightarrow{L} \cap \mathbb{R}_A$, *mit $L \subseteq \mathbf{M}(\Sigma, D)$ erkennbar und $A \subseteq \Sigma$.*

Wir bezeichnen die Familie der deterministischen reellen Spursprachen mit $\mathrm{DRec}(\mathbb{R})$.

Bemerkung

1. Es ist leicht zu sehen, daß jede reelle Spursprache der Form $\overrightarrow{L}$ mit $L \in$ Rec($\mathbb{M}$), erkennbar ist. Sei S ein endliches Monoid und $\eta : \mathbb{M}(\Sigma, D) \to S$ ein Homomorphismus so, daß $L \subseteq \mathbb{M}(\Sigma, D)$ von η erkannt wird. Es gilt dann mit dem Satz von Ramsey $\overrightarrow{L} = \bigcup_{(s,e) \in P} \mathbb{M}_s \mathbb{M}_e^\omega$, mit $P = \{(s,e) \in S \times E(S) \mid se = s,\ s \in \eta(L)\}$, wobei die rechte Seite der letzten Gleichung aufgrund der Abschlußeigenschaften von Rec($\mathbb{R}$) ([GP92]) eine erkennbare Menge ist.

2. Im Gegensatz zur Definition von $\overrightarrow{L}$ im Wortfall verlangen wir nicht, daß die gerichtete Menge $Y \subseteq L$ unendlich ist, und erhalten damit die Beziehung $L \subseteq \overrightarrow{L}$. Die übliche Definition für ω-Sprachen entspricht dann dem Durchschnitt $\overrightarrow{L} \cap \Sigma^\omega$, den wir hier über den Durchschnitt mit $\mathbb{R}_A$, $A \neq \emptyset$, realisieren (vgl. Bemerkung zu $\mathbb{R}_A$).

Die folgenden Sätze stellen die technischen Grundlagen aller weiteren Ergebnisse bereit. Wir beginnen mit dem bekannten Faktorisierungslemma von Levi [Lev44].

Lemma 3.1.6 ([CP85]) *Es seien $t_1, t_2, x_1, x_2 \in \mathbb{M}(\Sigma, D)$ mit $t_1 x_1 = t_2 x_2$. Dann existieren eindeutige Faktorisierungen*

$$t_1 = pf,\ t_2 = pg,\ x_1 = gs,\ und\ x_2 = fs$$

mit $p = t_1 \sqcap t_2$ und $f, g, s \in \mathbb{M}(\Sigma, D)$ so, daß $\mathrm{alph}(f) \times \mathrm{alph}(g) \subseteq I$.

Lemma 3.1.7 *Sei $(t_n)_{n \geq 0} \subseteq \mathbb{M}(\Sigma, D)$ eine Folge endlicher Spuren so, daß $\bigsqcup_{n \geq 0} t_n$ existiert.*
Dann existiert eine unendliche Indexmenge $J \subseteq \mathbb{N}$ so, daß $(t_i)_{i \in J}$ bzgl. der Präfixordnung eine monoton wachsende Folge ist.

Beweis: Die Existenz von $\bigsqcup_{n \geq 0} t_n$ erlaubt uns, Lemma 3.1.6 anzuwenden und damit erhalten wir für $i < j$ Spuren $p_{ij} := t_i \sqcap t_j$ bzw. $f_{ij},\, g_{ij} \in \mathbb{M}(\Sigma, D)$ mit:

$$t_i = p_{ij} f_{ij},\ t_j = p_{ij} g_{ij}\ und\ \mathrm{alph}(f_{ij}) \times \mathrm{alph}(g_{ij}) \subseteq I\,.$$

Für ein festes i betrachten wir eine unendliche Indexunterfolge mit $p_{ij} = p_i$ und $f_{ij} = f_i$ für alle $j > i$ und geeignete p_i, f_i. Die obigen Gleichungen können dann für eine induktiv erklärte unendliche Indexmenge $J \subseteq \mathbb{N}$ wie folgt für $i, j \in J$ umgeschrieben werden:

$$t_i = p_i f_i,\ t_j = p_i g_{ij}\ und\ \mathrm{alph}(f_i) \times \mathrm{alph}(g_{ij}) \subseteq I\,.$$

Aufgrund der Konstruktion erhalten wir für $i < j$ die Beziehungen $p_i \leq t_j$ bzw. $p_i \leq t_k$ für alle $j \leq k$. Nach Definition gilt $p_j = t_j \sqcap t_k$ für alle $j \leq k$, und damit auch $p_i \leq p_j$. Desweiteren haben wir für alle $i < j$:

$$t_j = p_i g_{ij} = p_j f_j \, .$$

Wegen $p_i \leq p_j$ folgt aus der letzten Gleichung $\mathrm{alph}(f_j) \subseteq \mathrm{alph}(g_{ij})$, und zusammen mit der obigen Unabhängigkeitsbeziehung: $\mathrm{alph}(f_i) \times \mathrm{alph}(f_j) \subseteq I$. Wegen der Endlichkeit von Σ bedeutet dies, daß $f_i = 1$ bis auf endlich viele $i \in J$ gilt. Wir können daher ohne Einschränkung $f_i = 1$ für alle $i \in J$ annehmen und damit ist $(t_i)_{i \in J}$ eine monoton wachsende Spurfolge. $\qquad\square$

Bemerkung Man beachte, daß im letzten Hilfssatz nicht gefordert wird, daß $\bigsqcup_{i \in J} t_i = \bigsqcup_{n \geq 0} t_n$ weiterhin gilt. Diese schärfere Aussage gilt nämlich nicht, wie das folgende Beispiel zeigt. Sei $\Sigma = \{a, b, c\}$, $D = \{(a,a), (b,b), (c,c)\}$ und

$$t_n = \begin{cases} a^2 b c^n & \text{für } n \text{ gerade} \\ a b^2 c^n & \text{für } n \text{ ungerade} \end{cases}$$

Es gilt $\bigsqcup_{n \geq 0} t_n = a^2 b^2 c^\omega$, aber weder $\bigsqcup_{n \geq 0} t_{2n} = a^2 b c^\omega$ noch $\bigsqcup_{n \geq 0} t_{2n+1} = a b^2 c^\omega$ stimmen mit $a^2 b^2 c^\omega$ überein.

Satz 3.1.8 *Gegeben seien* $(t_n)_{n \geq 0}, (w_n)_{n \geq 0} \subseteq \mathbb{M}(\Sigma, D)$ *mit der Eigenschaft, daß* $\{\, t_n w_n \mid n \geq 0 \,\}$ *eine unendliche, gerichtete Menge ist. Sei* $x = \bigsqcup_{n \geq 0} t_n w_n$. *Dann existieren eine unendliche Indexmenge* $(n_i)_{i \geq 0} \subseteq \mathbb{N}$ *und Folgen endlicher Spuren* $(s_i)_{i \geq 0}, (u_i)_{i \geq 0}, (v_i)_{i \geq 0} \subseteq \mathbb{M}(\Sigma, D)$ *so, daß* $\mathrm{alph}(v_i) \times \mathrm{alph}(s_j u_j) \subseteq I$ *für alle* $0 \leq i < j$ *gilt, wobei für* $i \geq 0$ *die Faktoren* t_{n_i}, w_{n_i} *folgende Gestalt haben:*

$$\begin{aligned} t_{n_i} &= s_0 u_0 \cdots s_{i-1} u_{i-1} s_i \quad \text{und} \\ w_{n_i} &= u_i v_0 \cdots v_{i-1} v_i \, . \end{aligned}$$

Beweis: Da $\{\, t_n w_n \mid n \geq 0 \,\}$ gerichtet ist, dürfen wir ohne Einschränkung annehmen, daß $t_n w_n \leq t_{n+1} w_{n+1}$ für alle $n \geq 0$ gilt. Weiterhin können wir mit Lemma 3.1.7 davon ausgehen, daß die Folge $(t_n)_{n \geq 0}$ monoton wachsend ist. Sei $(x_{ij})_{i,j} \subseteq \mathbb{M}(\Sigma, D)$ gegeben durch $t_j = t_i x_{ij}$, für $0 \leq i < j$.
Aufgrund der Linkskürzbarkeit von $\mathbb{M}(\Sigma, D)$ ergibt sich aus den bisherigen Beziehungen $w_i \leq x_{ij} w_j$. Die Anwendung des Lemma von Levi ergibt dann endliche Spuren u_{ij}, s_{ij}, y_{ij} mit $\mathrm{alph}(s_{ij}) \times \mathrm{alph}(y_{ij}) \subseteq I$ und

$$w_i = u_{ij} y_{ij}, \quad x_{ij} = u_{ij} s_{ij}, \quad y_{ij} \leq w_j \, .$$

Wir betrachten nun für ein festes $i \geq 0$ eine Unterfolge von Indizes mit der Eigenschaft, daß für geeignete u_i, y_i gilt: $u_{ij} = u_i$ und $y_{ij} = y_i$, für alle $i < j$. Damit lassen sich die obigen Gleichungen für eine induktiv erklärte, unendliche Indexmenge $J = (n_i)_{i \geq 0} \subseteq \mathbf{N}$ und alle $i < j$, $i, j \in J$, in $\mathrm{alph}(s_{ij}) \times \mathrm{alph}(y_i) \subseteq I$ umschreiben, sowie

$$w_i = u_i y_i, \; x_{ij} = u_i s_{ij}, \; y_i \leq w_j \,.$$

Der Einfachheit halber identifizieren wir anschließend J mit $\mathbf{N}$. Wir werden im folgenden $s_{i,i+1}$ mit s_{i+1} (bzw. $x_{i,i+1}$ mit x_i) abkürzen und erhalten

$$x_{ij} = x_i x_{i+1} \cdots x_{j-1} = (u_i s_{i+1})(u_{i+1} s_{i+2}) \cdots (u_{j-1} s_j) \,.$$

Mit $x_{ij} = u_i s_{ij}$ folgt $s_{ij} = s_{i+1} u_{i+1} s_{i+2} \cdots u_{j-1} s_j$. Zusammen mit der Bedingung $\mathrm{alph}(s_{ij}) \times \mathrm{alph}(y_i) \subseteq I$ ergibt dies $\mathrm{alph}(y_i) \times \mathrm{alph}(s_j u_j) \subseteq I$ für alle $0 \leq i < j$. Desweiteren gilt $y_i \leq w_{i+1} = u_{i+1} y_{i+1}$, und damit auch $y_i \leq y_{i+1}$ für $i \geq 0$, denn $\mathrm{alph}(y_i) \times \mathrm{alph}(u_{i+1}) \subseteq I$.

Schließlich läßt sich wegen $y_i \leq y_{i+1}$ eine Folge $(v_i)_{i \geq 0}$ durch $y_{i+1} = y_i v_{i+1}$ definieren (setze $v_0 = y_0$) und wir erhalten $\mathrm{alph}(v_i) \times \mathrm{alph}(s_j u_j) \subseteq I$ für $j > i \geq 0$, und durch Umbenennung (vgl. Abbildung 3.1):

$$\begin{aligned}
t_{n_i} &= t_{n_0} x_0 \cdots x_{i-1} = s_0 u_0 s_1 \cdots u_{i-1} s_i \qquad (\text{mit } s_0 := t_{n_0}), \\
w_{n_i} &= u_i y_i = u_i v_0 v_1 \cdots v_i \,.
\end{aligned}$$

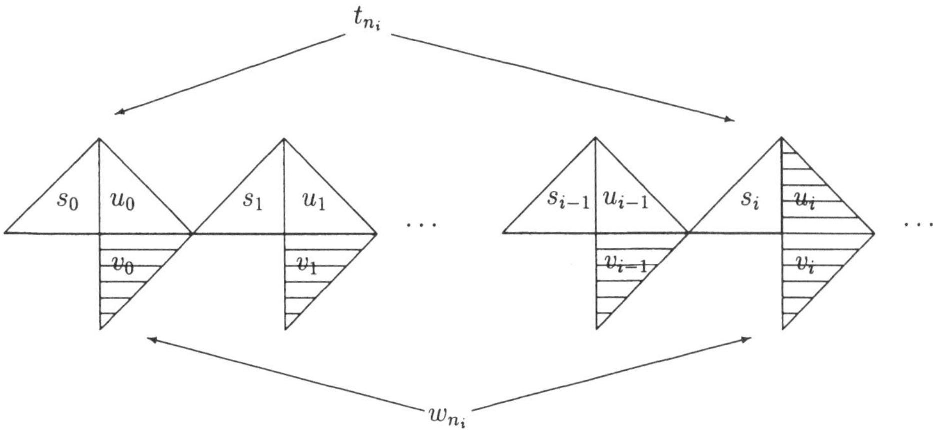

Abbildung 3.1: Die Faktorzerlegung von $t_{n_i} w_{n_i}$, wobei w_{n_i} aus den markierten Faktoren besteht, und $t_{n_i} = s_0 u_0 \cdots s_i$.
                                                                               □

Bemerkung Durch Zusammenfassen konsekutiver Faktoren kann die Aussage der vorhergehenden Satzes um die zusätzliche Bedingung $\mathrm{alph}(v_i) \times \mathrm{alph}(s_j u_j) \subseteq I$ *für alle* $i \geq 0$, $j > 0$ verschärft werden. Dafür wird schrittweise erreicht, daß sämtliche Faktoren u_i mit $i \geq 0$ (bzw. s_i, v_i mit $i > 0$) dasselbe Alphabet besitzen.

Beispiel 3.1.9 Sei $(\Sigma, D) = a - b - c - d$. Wir betrachten die Folgen $(t_n)_{n \geq 0}, (w_n)_{n \geq 0} \subseteq \mathbb{M}(\Sigma, D)$, $t_n = c(ba)(b^2 a) \cdots (b^n a) b$ und $w_n = d^{n+1} b^n a$. Es gilt $x = \bigsqcup_{n \geq 0} t_n w_n = c d^\omega (ba)(b^2 a) \ldots$ Mit den Bezeichnungen aus Satz 3.1.8 erhalten wir $s_0 = cb$, $s_i = b$ für $i \geq 1$, $u_i = b^i a$ und $v_i = d$ für $i \geq 0$.
Für die nachfolgenden Betrachtungen sei angemerkt, daß in diesem Beispiel $(w_n)_{n \geq 0}$ präfixfrei ist. Es existiert aber keine *erkennbare* präfixfreie Menge K, die $(w_n)_{n \geq 0}$ enthält. Ersetzt man die Folge $(w_n)_{n \geq 0}$ durch $(w_n')_{n \geq 0}$ mit $w_n' = d b^n a$, so ändert sich die Folge $(v_i)_{i \geq 0}$ zu $v_0' = d$ und $v_i' = 1$, für $i \geq 1$. Das folgende Korollar zeigt, daß $v_0' \neq 1$ durch $d \notin D(\mathrm{alphinf}(x))$ ermöglicht wird.

Korollar 3.1.10 *Gegeben seien* $L, K \subseteq \mathbb{M}(\Sigma, D)$ *mit* K *erkennbar und präfixfrei. Seien* $(t_n)_{n \geq 0} \subseteq L$, $(w_n)_{n \geq 0} \subseteq K$ *mit* $\{\, t_n w_n \mid n \geq 0 \,\}$ *unendlich und gerichtet, und sei* $x = \bigsqcup \{\, t_n w_n \mid n \geq 0 \,\}$. *Schließlich gelte* $D(\mathrm{alph}(y)) \subseteq D(\mathrm{alphinf}(x))$, *für alle* $y \in K$.

Dann existieren eine unendliche Indexmenge $(n_i)_{i \geq 0} \subseteq \mathbb{N}$ *und Spurfolgen* $(s_i)_{i \geq 0}$, $(u_i)_{i \geq 0} \subseteq \mathbb{M}(\Sigma, D)$ *mit* $x = \bigsqcup \{\, t_{n_i} w_{n_i} \mid i \geq 0 \,\}$ *so, daß gilt:*

$$ t_{n_i} = s_0 u_0 \cdots s_{i-1} u_{i-1} s_i \qquad und \qquad w_{n_i} = u_i. $$

Beweis: Wir können Satz 3.1.8 anwenden und erhalten eine unendliche Indexmenge $(n_i)_{i \geq 0}$ und Spurfolgen $(s_i)_{i \geq 0}$, $(u_i)_{i \geq 0}$, $(v_i)_{i \geq 0} \subseteq \mathbb{M}(\Sigma, D)$ mit $x = \bigsqcup \{\, t_{n_i} w_{n_i} \mid i \geq 0 \,\}$, $t_{n_i} = s_0 u_0 \cdots s_{i-1} u_{i-1} s_i$ und $w_{n_i} = u_i v_0 \cdots v_{i-1} v_i$, sowie $\mathrm{alph}(v_i) \times \mathrm{alph}(s_j u_j) \subseteq I$, für alle $0 \leq i < j$. Wir zeigen, daß die zusätzlichen Bedingungen über die Präfixfreiheit von K und über $\mathrm{alphinf}(x)$ dazu führen, daß $v_i = 1$ für alle i angenommen werden kann.
Sei S ein endliches Monoid und $\eta : \mathbb{M}(\Sigma, D) \to S$ ein Homomorphismus so, daß K von η erkannt wird. Wir dürfen ohne Einschränkung annehmen, daß $\eta(u_i) = \eta(u_j)$ für alle i, j gilt (sonst wählen wir eine Unterfolge von Indizes mit der Eigenschaft $\eta(u_{m_i}) = \eta(u_{m_j})$ für alle i, j und definieren s_{m_i} als $s_{m_{i-1}+1} u_{m_{i-1}+1} \cdots s_{m_i}$ bzw. v_{m_i} als $v_{m_{i-1}+1} v_{m_{i-1}+2} \cdots v_{m_i}$ um).
Nun gilt $u_i v_0 \cdots v_{i-2} v_{i-1} \leq w_{n_i} \in K$ für alle $i \geq 1$. Mit der Beziehung $\eta(u_i) = \eta(u_{i-1})$ folgt unmittelbar $\eta(u_i v_0 \cdots v_{i-2} v_{i-1}) = \eta(u_{i-1} v_0 \cdots v_{i-2} v_{i-1}) = \eta(w_{n_{i-1}})$, daher gilt $u_i v_0 \cdots v_{i-2} v_{i-1} \in K$, für alle $i \geq 1$. Da K präfixfrei ist, folgt $v_i = 1$ für alle $i \geq 1$. Für $i = 0$ verwenden wir die letzte Voraussetzung

über K. Mit $\text{alph}(v_0) \times \text{alph}(s_i u_i) \subseteq I$ gilt $\text{alph}(v_0) \cap D(\text{alphinf}(x)) = \emptyset$. Wegen $\text{alph}(v_0) \subseteq \text{alph}(w_i)$, zusammen mit $w_i \in K$, würde $v_0 \neq 1$ zu einem Widerspruch führen. Es folgt die gewünschte Darstellung

$$t_{n_i} = s_0 u_0 \cdots s_{i-1} u_{i-1} s_i \quad \text{und}$$
$$w_{n_i} = u_i.$$

$\square$

3.2 Deterministische und erkennbare Sprachen reeller Spuren

Ein erster Schritt im Beweis des Satzes von McNaughton für reelle Spursprachen wird die Verallgemeinerung einer Formulierung dieses Satzes sein, die besagt, daß jede erkennbare ω-Sprache sich als Boolesche Kombination deterministischer Sprachen darstellen läßt. Die nächsten Sätze verallgemeinern dieses Ergebnis aus dem Spezialfall der ω-Sprachen (vgl. [PP93]). Auf den ersten Blick besteht ein Unterschied durch die zusätzlichen alphabetischen Informationen, die bei Spursprachen mitgeführt werden. Wie wir aber bereits gesehen haben, handelt es sich im Fall $D = \Sigma \times \Sigma$ bei den Sprachen der Form $\mathbb{R}_e$ mit $e \in S \setminus \{1\}$, jeweils um triviale Durchschnitte mit Σ^ω.

Im folgenden betrachten wir für ein Monoid S und $s \in S$ die Teilmenge der idempotenten Elemente $E_s = \{e \in E(S) \mid se = s\}$ und die darauf definierte Halbordnung $\leq$, mit $e \leq f$ genau dann, wenn $fe = e$ gilt. Die Notation $e < f$ bedeutet, daß sowohl $e \leq f$ als auch $f \not\leq e$ gilt. Allgemeiner wird auf S die Halbordnung $\leq_\mathcal{R}$ erklärt durch $s \leq_\mathcal{R} s'$ genau dann, wenn $sS \subseteq s'S$. Man zeigt leicht, daß die Halbordnung $\leq$ die Einschränkung von $\leq_\mathcal{R}$ auf E_s ist. Weiterhin verwenden wir die linksinvariante Äquivalenzrelation $\mathcal{R}$ auf S, mit $s \mathcal{R} s'$ genau dann, wenn die zugehörigen Rechtsideale gleich sind, d.h. $sS = s'S$. Für den nachfolgenden Satz sei daran erinnert, daß η surjektiv ist.

Satz 3.2.1 *Es seien S ein Monoid, $s, e \in S$ mit $se = s$, $e \in E(S)$ und $\eta :$ $\mathbb{M}(\Sigma, D) \to S$ ein Homomorphismus. Dann gilt:*

$$\mathbb{M}_s \mathbb{M}_e^\omega \quad \subseteq \quad \overrightarrow{\mathbb{M}_s \mathbb{P}_e} \cap \mathbb{R}_e \quad \subseteq \quad \bigcup_{f \leq e} \mathbb{M}_s \mathbb{M}_f^\omega.$$

Beweis: Die erste Inklusion ist leicht einzusehen, wenn man beachtet, daß für $u = u_0 u_1 \ldots$ mit $u_0 \in \mathbb{M}_s$ und $u_n \in \mathbb{M}_e$, $n \geq 1$, geeignete Präfixe $u_n' \leq u_n$ mit $(u_n')_{n \geq 1} \subseteq \mathbb{P}_e$, gewählt werden können. Dies ergibt $u = \sqcup_{n \geq 0} u_0 u_1 \cdots u_n u_{n+1}'$, mit $u_0 u_1 \cdots u_n u_{n+1}' \in \mathbb{M}_s \mathbb{P}_e$.

Die zweite Inklusion ist mit $\mathbb{M}_1 = \mathbb{P}_1 = \{1\}$ trivial für $e = 1$. Sei also $e \neq 1$ und wir können Korollar 3.1.10 auf $x = \bigsqcup_{n \geq 0} t_n w_n$ anwenden, wobei $(t_n)_{n \geq 0} \subseteq \mathbb{M}_s$, $(w_n)_{n \geq 0} \subseteq \mathbb{P}_e$ und $D(\mathrm{alphinf}(x)) = D(\mathrm{alph}(e))$. Dies ergibt die Existenz einer unendlichen Indexfolge $(n_i)_{i \geq 0} \subseteq \mathbb{N}$ und zweier Spurfolgen $(s_i)_{i \geq 0}, (u_i)_{i \geq 0} \subseteq \mathbb{M}(\Sigma, D)$ so, daß t_{n_i} und w_{n_i} folgendermaßen dargestellt werden können:

$$t_{n_i} = s_0 u_0 \cdots s_{i-1} u_{i-1} s_i \quad \text{und} \quad w_{n_i} = u_i,$$

wobei weiterhin gilt: $x = \bigsqcup_{i \geq 0} t_{n_i} w_{n_i}$. Die Spur $x = s_0 u_0 s_1 \dots$ kann nun mit dem Satz von Ramsey so faktorisiert werden, daß für geeignete Positionen $m_0 < m_1 < \cdots$, sowie Monoidelemente $r \in S$, $f \in E(S)$ mit $rf = r$ gilt:

$$r = \eta(s_0 u_0 \cdots s_{m_0}) \quad \text{und} \quad f = \eta(u_{m_i} s_{m_i+1} \cdots s_{m_j}), \quad \text{für alle } 0 \leq i < j.$$

Es gilt natürlich $s = r$, sowie $f \in \eta(u_{m_i}) S = eS$, und damit $f \leq_{\mathcal{R}} e$, und $f \leq e$. Dies zeigt $x \in \bigcup_{f \leq e} \mathbb{M}_s \mathbb{M}_f^\omega$. $\qquad\square$

Korollar 3.2.2 *Mit den Voraussetzungen des Satzes 3.2.1 gilt:*

1. $\mathbb{M}_e^\omega = \overrightarrow{\mathbb{M}_e \mathbb{P}_e} \cap \mathbb{R}_e$

2. $\bigcup_{f \leq e} \mathbb{M}_s \mathbb{M}_f^\omega = \bigcup_{f \leq e} (\overrightarrow{\mathbb{M}_s \mathbb{P}_f} \cap \mathbb{R}_f)$.

Beweis: (1) Man beachte, daß mit $s = e$ in Satz 3.2.1 $ef = e$ gilt. Weiterhin ist $f \leq e$ gleichbedeutend mit $ef = f$, woraus $e = f$ und die erste Aussage folgt.

(2) Mit Satz 3.2.1 erhalten wir:

$$\bigcup_{f \leq e} \mathbb{M}_s \mathbb{M}_f^\omega \ \subseteq \ \bigcup_{f \leq e} (\overrightarrow{\mathbb{M}_s \mathbb{P}_f} \cap \mathbb{R}_f) \ \subseteq$$

$$\bigcup_{f \leq e} \bigcup_{h \leq f} \mathbb{M}_s \mathbb{M}_h^\omega \ \subseteq \ \bigcup_{h \leq e} \mathbb{M}_s \mathbb{M}_h^\omega,$$

wobei die letzte Inklusion mit der Transitivität der Halbordnung $\leq$ folgt. $\qquad\square$

Wir können nun das Hauptergebnis dieses Abschnitts zeigen, und zwar die Äquivalenz von $\mathrm{Rec}(\mathbb{R})$ und dem Booleschen Abschluß der Familie der deterministischen Sprachen reeller Spuren $\mathrm{DRec}(\mathbb{R})$. Der Beweis verläuft analog zu [PP93].

Theorem 3.2.3 *Es seien S ein Monoid und $\eta : \mathbb{M}(\Sigma, D) \to S$ ein Homomorphismus, der $L \subseteq \mathbb{R}(\Sigma, D)$ erkennt. Sei weiterhin $P_L = \{ (s, e) \in S \times E(S) \mid se = s,\ \mathbb{M}_s \mathbb{M}_e^\omega \cap L \neq \emptyset \}$. Dann läßt sich L darstellen als*

$$L = \bigcup_{(s,e) \in P_L} \left(\bigcup_{f \leq e} (\overrightarrow{\mathbb{M}_s \mathbb{P}_f} \cap \mathbb{R}_f) \setminus \bigcup_{f < e} (\overrightarrow{\mathbb{M}_s \mathbb{P}_f} \cap \mathbb{R}_f) \right).$$

Beweis: Es seien $(s,e) \in P_L$ und $f \in E(S)$ mit $f \mathcal{R} e$. Damit sind die Paare (s,e) und (s,f) mit $x = f$ und $y = e$ konjugiert, woraus mit Lemma 3.1.2 $(s,f) \in P_L$ folgt. Dies ergibt zusammen mit der trivialen Beziehung $e \mathcal{R} e$:

$$L = \bigcup_{(s,e)\in P_L} \mathbb{M}_s \mathbb{M}_e^\omega \subseteq \bigcup_{(s,e)\in P_L} \bigcup_{f \mathcal{R} e} \mathbb{M}_s \mathbb{M}_f^\omega \subseteq L,$$

woraus wir die Darstellung $L = \bigcup_{(s,e)\in P_L} \bigcup_{f \mathcal{R} e} \mathbb{M}_s \mathbb{M}_f^\omega$ erhalten. Damit genügt es, die Sprache $\bigcup_{f \mathcal{R} e} \mathbb{M}_s \mathbb{M}_f^\omega$ als Boolesche Kombination deterministischer Sprachen darzustellen.

Definitionsgemäß ist $f \mathcal{R} e$ äquivalent zu $ef = f$ und $fe = e$. Somit gilt $f \mathcal{R} e$ genau dann, wenn $f \leq e$ und $f \not< e$ gelten.

Die folgende Feststellung ist wesentlich für die weiteren Überlegungen. Aus $f < e$ folgt nämlich $\mathbb{M}_s \mathbb{M}_e^\omega \cap \mathbb{M}_s \mathbb{M}_f^\omega = \emptyset$ (*). Wären $\mathbb{M}_s \mathbb{M}_e^\omega$ und $\mathbb{M}_s \mathbb{M}_f^\omega$ nicht disjunkt, so wären (s,e) und (s,f) nach Satz 3.1.2 konjugiert, d.h., es würde $sx = s$, $e = xy$ und $f = yx$ für gewisse $x, y \in S$ gelten. Damit erhielten wir:

$$e = e^2 = xyxy = xfy \overset{f \leq e}{=} xefy = x^n e (fy)^n, \quad \forall n \geq 0.$$

Da S endlich ist, existieren $n, q \in \mathbb{N}$, $q \neq 0$ so, daß für alle $z \in S$ gilt: $z^{n+q} = z^n$. Dies führt jedoch mit $e = x^n e (fy)^n = x^n e (fy)^{n+q} = e(fy)^q = ef(yf)^{q-1}y \overset{ef=f}{\in}$ fS zu $e \leq f$ und damit zu $f \not< e$, was einen Widerspruch zur Voraussetzung über f, e darstellt. Schließlich erhalten wir

$$\bigcup_{f \mathcal{R} e} \mathbb{M}_s \mathbb{M}_f^\omega = \bigcup_{f \leq e, f \not< e} \mathbb{M}_s \mathbb{M}_f^\omega$$

$$\overset{(*)}{=} \bigcup_{f \leq e} \mathbb{M}_s \mathbb{M}_f^\omega \setminus \bigcup_{f < e} \mathbb{M}_s \mathbb{M}_f^\omega \qquad (\text{wegen } f \mathcal{R} e, f' < e \Rightarrow f' < f)$$

$$= \bigcup_{f \leq e} \mathbb{M}_s \mathbb{M}_f^\omega \setminus \bigcup_{f < e} \bigcup_{g \leq f} \mathbb{M}_s \mathbb{M}_g^\omega$$

$$\overset{3.2.2}{=} \bigcup_{f \leq e} (\overrightarrow{\mathbb{M}_s \mathbb{P}_f} \cap \mathbb{R}_f) \setminus \bigcup_{f < e} \bigcup_{g \leq f} (\overrightarrow{\mathbb{M}_s \mathbb{P}_g} \cap \mathbb{R}_g)$$

$$= \bigcup_{f \leq e} (\overrightarrow{\mathbb{M}_s \mathbb{P}_f} \cap \mathbb{R}_f) \setminus \bigcup_{f < e} (\overrightarrow{\mathbb{M}_s \mathbb{P}_f} \cap \mathbb{R}_f).$$

$\square$

Mit dem Abschluß von $\mathrm{Rec}(\mathbb{R})$ unter Booleschen Operationen und der Erkennbarkeit deterministischer Sprachen erhalten wir das angekündigte Ergebnis:

Korollar 3.2.4 *Es gilt:*

$$\mathrm{Rec}(\mathbb{R}) = \mathit{Bool}(\mathrm{DRec}(\mathbb{R})).$$

Bemerkung Die Aussage des letzten Korollars gilt weiterhin, wenn DRec($\mathbb{R}$) durch $\{\,\overrightarrow{L} \mid L \in \text{Rec}(\mathbb{M})\,\}$ ersetzt wird. Denn Sprachen der Form $\mathbb{R}_A$, $A \subseteq \Sigma$, sind Boolesche Kombinationen von Sprachen $\text{Inf}(a) = \{t \in \mathbb{R}(\Sigma, D) \mid |t|_a = \infty\}$, $a \in \Sigma$, und es gilt mit $G_a = \{t \in \mathbb{M}(\Sigma, D) \mid |t|_a \text{ gerade}\}$, $U_a = \{t \in \mathbb{M}(\Sigma, D) \mid |t|_a \text{ ungerade}\}$:

$$\text{Inf}(a) = \overrightarrow{L_a} \cap \overrightarrow{U_a}.$$

Die Definition deterministischer Spursprachen hat aber den Vorteil, daß sie den Wortfall einschließt.

3.3 Deterministische asynchrone Muller Automaten

Thema dieses Abschnitts ist eine Konstruktion deterministischer asynchroner Muller Automaten für die Klasse der erkennbaren reellen Spursprachen. Mit der im vorhergehenden Abschnitt gezeigten Äquivalenz von Rec($\mathbb{R}$) und dem Booleschen Abschluß der Klasse der deterministischen Sprachen genügt es, asynchrone (-zelluläre) Muller Automaten für Sprachen der Form $\overrightarrow{L}$ mit $L \in \text{Rec}(\mathbb{M})$ anzugeben (für $\mathbb{R}_A$, $A \subseteq \Sigma$, vgl. Beispiel 2.3.4).

Die Idee der Konstruktion besteht in der Einschränkung auf gewisse Sprachen $\overrightarrow{L}$, deren Elemente eine spezielle Form im unendlichen Teil besitzen und damit durch lokale Bedingungen erkennbar sind. Genauer werden wir uns zunächst auf *ein* Alphabet A mit $A = \text{alphinf}(t)$ für alle $t \in \overrightarrow{L}$ einschränken. Anschließend betrachten wir nur Sprachen L mit der Eigenschaft, daß alle Spuren in $\overrightarrow{L}$ mit Präfixe in L approximierbar sind, die in jeder Zusammenhangskomponente von A genau ein maximales Element besitzen. Das folgende Lemma zeigt, daß wir uns auf solche $\overrightarrow{L}$ einschränken dürfen.

Lemma 3.3.1 *Sei $A \subseteq \Sigma$ und $A = \bigcup_{i=1}^{k} A_i$ die Zerlegung in Zusammenhangskomponenten, d.h. es gilt $A_i \times A_j \subseteq I$ für alle $i \neq j$, sowie jedes A_i ist zusammenhängend.*

Seien weiterhin $a_i \in A_i$, $i = 1, \ldots, k$, fest gewählt. Wir definieren folgende erkennbare Mengen:

$$\begin{aligned} \mathbb{M}_{A,i} &= \{\, t \mid \text{alph}(t) = A_i \text{ und } \max(t) = \{a_i\}\,\} \\ \mathbb{P}_{A,i} &= \mathbb{M}_{A,i} \setminus \mathbb{M}_{A,i}\mathbb{M}_+ . \end{aligned}$$

Damit gilt für $L \subseteq \mathbb{M}(\Sigma, D)$:

$$\overrightarrow{L} \cap \text{Inf}(A) = \overrightarrow{L\mathbb{P}_{A,1} \cdots \mathbb{P}_{A,k}} \cap \text{Inf}(A).$$

Beweis: Sei $u \in \overrightarrow{L}$ mit $\mathrm{alphinf}(u) = A = \bigcup_{i=1}^{k} A_i$ und betrachten wir eine Zerlegung $u = u_0 u_1 u_2 \ldots$ von u, wobei $\mathrm{alph}(u_n) = A$ für $n \geq 1$, und $u_0 u_1 \cdots u_n \in L$ für $n \geq 0$. Weiterhin können wir jedes u_n als Produkt $u_n = u_{n,1} \cdots u_{n,k}$ mit $\mathrm{alph}(u_{n,i}) = A_i$, $1 \leq i \leq k$, schreiben. Betrachte für ein festes i und $n \geq 1$ die Spur $u_{n,i} u_{n+1,i} \ldots$. Da die Teilalphabete A_i zusammenhängend sind, besitzt diese Spur ein (bzgl. der Präfixordnung) kleinstes Präfix $u'_{n,i}$ mit $\max(u'_{n,i}) = \{a_i\}$ und $\mathrm{alph}(u'_{n,i}) = A_i$. Damit lassen sich k Folgen $(u'_{n,i})_{n \geq 1} \subseteq \mathbb{P}_{A,i}$ so definieren, daß gilt: $u_0 \cdots u_{n-1} u'_{n,1} \cdots u'_{n,k} \in L\mathbb{P}_{A,1} \cdots \mathbb{P}_{A,k}$ für $n \geq 1$. Es gilt natürlich weiterhin $u = \bigsqcup\{ u_0 \cdots u_{n-1} u'_{n,1} \cdots u'_{n,k} \mid n \geq 1 \}$. Daraus folgt $u \in \overrightarrow{L\mathbb{P}_{A,1} \cdots \mathbb{P}_{A,k}} \cap \mathrm{Inf}(A)$.

Für die Rückrichtung betrachte $x = \bigsqcup\{ t_n w_n \mid t_n \in L, w_n \in \mathbb{P}_{A,1} \cdots \mathbb{P}_{A,k}, n \geq 0 \}$ mit $\mathrm{alphinf}(x) = A$. Dabei ist $\mathbb{P}_{A,1} \cdots \mathbb{P}_{A,k}$ erkennbar und präfixfrei, und es gilt $D(\mathrm{alph}(y)) = D(A)$ für alle $y \in \mathbb{P}_{A,1} \cdots \mathbb{P}_{A,k}$. Wir können daher Korollar 3.1.10 anwenden und erhalten eine unendliche Indexfolge $(n_i)_{i \geq 0} \subseteq \mathbf{N}$ und zwei Folgen endlicher Spuren $(s_i)_{i \geq 0}, (u_i)_{i \geq 0} \subseteq \mathbb{M}(\Sigma, D)$ mit $x = \bigsqcup_{i \geq 0} t_{n_i} w_{n_i}$ und folgender Darstellung für t_{n_i}, w_{n_i}:

$$
\begin{aligned}
t_{n_i} &= s_0 u_0 s_1 \cdots s_{i-1} u_{i-1} s_i \in L, \\
w_{n_i} &= u_i \in \mathbb{P}_{A,1} \cdots \mathbb{P}_{A,k},
\end{aligned}
$$

woraus $x \in \overrightarrow{L}$ direkt folgt. $\qquad\square$

Für den nachfolgenden Satz setzen wir zur Vereinfachung voraus, daß ein gegebener deterministischer asynchron-zellulärer Automat aus der Konstruktion von Zielonka hervorgeht, wie im Abschnitt 2.2 beschrieben. Dies wird benötigt, um eine (lokale) Akzeptanz durch die maximalen Elemente einer Spur gewährleistet zu haben.

Satz 3.3.2 *Jede reelle Spursprache der Form $\overrightarrow{L}$, mit $L \subseteq \mathbb{M}(\Sigma, D)$ erkennbar, kann von einem deterministischen, asynchron-zellulären Muller Automaten erkannt werden.*

Beweis: Mit den Bezeichnungen aus Lemma 3.3.1 und der darin gezeigten Identität

$$
\begin{aligned}
\overrightarrow{L} &= \bigcup_{A \subseteq \Sigma} (\overrightarrow{L} \cap \mathrm{Inf}(A)) \\
&\overset{3.3.1}{=} \bigcup_{A \subseteq \Sigma} (\overrightarrow{L\mathbb{P}_{A,1} \cdots \mathbb{P}_{A,k}} \cap \mathrm{Inf}(A)),
\end{aligned}
$$

genügt es, deterministische asynchron-zelluläre Muller Automaten für Sprachen der Form $\overrightarrow{L\mathbb{P}_{A,1}\cdots\mathbb{P}_{A,k}} \cap \mathrm{Inf}(A)$ mit L erkennbar und $A = \bigcup_{i=1}^{k} A_i$, anzugeben. Sei dafür $\mu : \mathbb{M}(\Sigma, D) \to Q$ eine asynchrone Abbildung mit Q endlich so, daß aus $\mu(u) = \mu(u')$ und $u \in L\mathbb{P}_{A,1}\cdots\mathbb{P}_{A,k}$ auch $u' \in L\mathbb{P}_{A,1}\cdots\mathbb{P}_{A,k}$ folgt. Sei $\mathcal{A}' = \mathcal{A}_\mu$ der dazugehörige asynchron-zelluläre Automat mit $\mathcal{A}' = ((Q'_a)_{a\in\Sigma}, (\delta'_a)_{a\in\Sigma}, q'_0, F')$. Wir definieren für $f \in F'$:

$$L_{A,f} = \{\, t \in \mathbb{R}(\Sigma, D) \mid \mathrm{alphinf}(t) = A,\ t = \sqcup_{n\geq 0} t_n \text{ mit } t_0 \leq t_1 \leq \cdots$$
$$\text{und } \delta'(q'_0, t_n) = f,\ \text{für } n \geq 0 \,\}$$

Der Automat $\mathcal{A}'$ führt nun, leicht verwandelt, zu einem *deterministischen* asynchron-zellulären Muller Automaten $\mathcal{A} = ((Q_a)_{a\in\Sigma}, (\delta_a)_{a\in\Sigma}, q_0, \emptyset, \mathcal{T})$ durch

- $Q_a = Q'_a \times \mathbb{Z}/2\mathbb{Z}$,

- $\delta_a((q, i)_{D(a)}) = (\delta'_a(q_{D(a)}), i_a + 1)$,

- $q_0 = ((q'_0)_a, 0)_{a\in\Sigma}$.

Wir zeigen, daß gilt:

$$L_{A,f} \subseteq L(\Sigma) \subseteq \overrightarrow{L\mathbb{P}_{A,1}\cdots\mathbb{P}_{A,k}} \cap \mathrm{Inf}(A).$$

Durch die Hinzunahme der $\mathbb{Z}/2\mathbb{Z}$ Komponente in die lokalen Zustände erreichen wir, daß $\delta_a(s_{D(a)}) \neq s_a$ für alle $s_a \in Q_a$, $a \in \Sigma$ gilt. Damit läßt sich das Alphabet $\mathrm{alphinf}(t)$ für $t \in \mathbb{R}(\Sigma, D)$, eindeutig feststellen; mit der Bezeichnung $\mathrm{inf}_a(t)$ für die Menge der lokalen a-Zustände, die in der Berechnung von $\mathcal{A}$ auf t (falls sie existiert) unendlich oft vorkommen, gilt nämlich: $a \in \mathrm{alphinf}(t)$ ist äquivalent zu $|\mathrm{inf}_a(t)| \geq 2$.

Die Tafel $\mathcal{T} \subseteq \prod_{a\in\Sigma} \mathcal{P}(Q_a)$ wird nun definiert durch

$$T = (T_a)_{a\in\Sigma} \in \mathcal{T} \quad \Longleftrightarrow \quad \text{es existieren } (i_a)_{a\in\Sigma} \in (\mathbb{Z}/2\mathbb{Z})^\Sigma \text{ mit}$$

$$(i) \quad T_a = \{(f_a, i_a)\} \text{ für } a \in \Sigma \setminus A,$$
$$(ii) \quad (f_a, i_a) \in T_a \ \text{ und } |T_a| \geq 2, \text{ für } a \in A.$$

Es ist leicht zu sehen, daß $L_{A,f} \subseteq L(\mathcal{A})$ gilt.

Betrachte nun $t \in L(\mathcal{A})$ so, daß t mit $T \in \mathcal{T}$ akzeptiert wird. Mit der obigen Bemerkung folgt $\mathrm{alphinf}(t) = \{\, a \in \Sigma \mid |T_a| \geq 2 \,\} = A$, und wir können t als $t = t_0 t_1 \ldots$ faktorisieren, wobei für gewisse $(i_a)_{a\in\Sigma} \in (\mathbb{Z}/2\mathbb{Z})^\Sigma)$ gilt:

- $\mathrm{alph}(t_n) = A$, für alle $n \geq 1$;

- $\delta(q_0, t_0 t_1 \cdots t_n)_a = (f_a, i_a)$, für alle $a \in (\Sigma \setminus A) \cup \{a_1, \ldots, a_k\}$, $n \geq 0$;

- $\max(t_0 \cdots t_n) \cap A = \{a_1, \ldots, a_k\}$, für alle $n \geq 0$.

Die Existenz einer derartigen Faktorisierung beruht darauf, daß jede Zusammenhangskomponente von $A = \mathrm{alphinf}(t)$ *genau einen* Buchstaben a_i, $1 \leq i \leq k$, enthält.

Es gilt also $\delta'(q_0', t_0 \cdots t_n)_a = f_a$, für alle $a \in (\Sigma \setminus A) \cup \{a_1, \ldots, a_k\}$. Wie in Abschnitt 2.2 beschrieben, gilt $f_a = \mu(\partial_a(u))$, $a \in \Sigma$, für ein $u \in L\mathbb{P}_{A,1} \cdots \mathbb{P}_{A,k}$. Mit $B := (\Sigma \setminus A) \cup \{a_1, \ldots, a_k\}$ erhalten wir für alle $b \in B$:

$$\delta'(q_0', t_0 \cdots t_n)_b = \mu(\partial_b(t_0 \cdots t_n)) = f_b = \mu(\partial_b(u)).$$

Aufgrund von $\max(u), \max(t_0 \cdots t_n) \subseteq B$ folgt daher $\mu(u) = \mu(t_0 \cdots t_n)$, also $t_0 \cdots t_n \in L\mathbb{P}_{A,1} \cdots \mathbb{P}_{A,k}$. $\qquad\square$

Mit Satz 3.3.2 (und der üblichen Umwandlung asynchron-zellulärer Automaten in asynchrone Automaten) erhalten wir abschließend das Hauptergebnis dieses Kapitels:

Theorem 3.3.3 *Die Klasse der erkennbaren reellen Spursprachen ist identisch mit der Klasse der Sprachen, die von deterministischen asynchronen (bzw. asynchron-zellulären) Muller Automaten erkannt werden.*

Beweis: Die erste Inklusion folgt mit Korollar 3.2.4 und Theorem 3.3.2. Für die Rückrichtung ist es leicht zu sehen, daß für asynchrone (-zelluläre) Automaten die Muller Akzeptanzbedingung als Boolesche Kombination von Büchi Bedingungen umgeschrieben werden kann. $\qquad\square$

Da asynchrone Automaten automatisch die I-Diamant Eigenschaft erfüllen, können wir eine weitere Charakterisierung folgern. Man beachte, daß das folgende Ergebnis auch mit Korollar 3.2.4 und Satz 4.3.2 aus dem nächsten Kapitel folgt.

Korollar 3.3.4 *Sei (Σ, D) ein Abhängigkeitsalphabet.*
Jede erkennbare, unter $\equiv_I$ abgeschlossene ω-Sprache läßt sich mit einem deterministischen Muller Automat mit I-Diamant Eigenschaft erkennen.

Die Frage, welche deterministische I-Diamant Muller (bzw. nichtdeterministische Büchi) Automaten abgeschlossene Sprachen erkennen, sowie eine komplexitätstheoretische Untersuchung dieses Problems, werden in Kapitel 7 behandelt.

Kapitel 4

Deterministische reelle Spursprachen

Ziel dieses Kapitels ist die nähere Untersuchung der Familie der deterministischen Spursprachen $\mathrm{DRec}(\mathbb{R})$, die wir für den Satz von McNaughton eingeführt haben. Nach einer kurzen Einleitung, die den Abschluß dieser Sprachklasse unter Booleschen Operationen behandelt, wenden wir uns dem Problem der Charakterisierung durch deterministische Automaten zu. Wir zeigen, daß die Äquivalenz zwischen deterministischen Sprachen und deterministischen Büchi Automaten im Falle der asynchronen Automaten nicht besteht. Damit ist der enge Zusammenhang, der für ω-Sprachen existiert, nicht auf reelle Spuren übertragbar. Wir können jedoch eine schwächere Charakterisierung angeben, wonach die deterministischen reellen Spursprachen den abgeschlossenen ω-Sprachen entsprechen, die durch deterministische I-Diamant Büchi Automaten mit einer erweiterten Akzeptanzbedingung erkannt werden.

4.1 Abschlußeigenschaften

Mit der Einordnung der Klasse deterministischer ω-Sprachen in die Borel-Hierarchie als erkennbare Sprachen aus G_δ (vgl. Abschnitt 1.3), erscheint es natürlich zu fordern, daß $\mathrm{DRec}(\mathbb{R})$ unter endliche Vereinigung und Durchschnitt abgeschlossen ist. Mit Definition 3.1.5 ist $\mathrm{DRec}(\mathbb{R})$ trivialerweise unter Vereinigung abgeschlossen. Es gilt aber auch:

Lemma 4.1.1 $\mathrm{DRec}(\mathbb{R})$ *ist abgeschlossen unter endlichen Durchschnitt.*

Beweis: Es genügt zu zeigen, daß $\overrightarrow{L} \cap \overrightarrow{K}$ eine deterministische Sprache ist, wobei $L, K \subseteq \mathbb{M}(\Sigma, D)$ beide erkennbare Sprachen sind.

Wir können ohne Einschränkung von einem endlichen Monoiden S und einem Homomorphismus $\eta : \mathbf{M}(\Sigma, D) \to S$ so ausgehen, daß beide Sprachen L, K von η erkannt werden. Zusätzlich soll mit $\eta(u) = \eta(v)$ auch $\mathrm{alph}(u) = \mathrm{alph}(v)$, für alle u, v gelten (vgl. Abschnitt 3.1). Wir zeigen:

$$\overrightarrow{L} \cap \overrightarrow{K} = \bigcup_{\substack{s \,\in\, \eta(L) \\ ss' \,\in\, \eta(K)}} \left(\overrightarrow{\mathbf{M}_s \mathbf{P}_{s'}} \cap \mathbf{R}_{s'} \right) .$$

Ist $t \in \overrightarrow{L} \cap \overrightarrow{K}$, so läßt sich eine Faktorisierung $t = v_0 u_0 v_1 u_1 \ldots$ finden, mit $v_n, u_n \in \mathbf{M}(\Sigma, D)$ so, daß für gewisse $s, s' \in S$ gilt: $v_0 u_0 \cdots v_n \in L \cap \eta^{-1}(s)$ und $\eta(u_n) = s'$ mit $v_0 u_0 \cdots v_n u_n \in K$, für $n \geq 0$. Zusätzlich fordern wir $D(\mathrm{alph}(s')) = D(\mathrm{alphinf}(t))$, und schließlich wählen wir die Faktoren u_n präfixfrei mit den beiden Eigenschaften.

Für die umgekehrte Richtung betrachte eine Spur $t = \bigsqcup_{n \geq 0} t_n w_n$ mit $(t_n)_{n \geq 0} \subseteq \mathbf{M}_s$, $(w_n)_{n \geq 0} \subseteq \mathbf{P}_{s'}$ und $D(\mathrm{alph}(s')) = D(\mathrm{alphinf}(t))$. Die Voraussetzungen des Korollars 3.1.10 sind erfüllt und es folgt unmittelbar $t \in \overrightarrow{\mathbf{M}_s} \subseteq \overrightarrow{L}$. Mit $\mathbf{M}_s \mathbf{P}_{s'} \subseteq K$ gilt natürlich auch $t \in \overrightarrow{K}$. $\qquad\square$

Die Klasse der Sprachen $\overrightarrow{L}$ mit $L \in \mathrm{Rec}(\mathbf{M})$ ist im Gegensatz zu $\mathrm{DRec}(\mathbb{R})$ *nicht* unter Durchschnitt abgeschlossen, wie das folgende Beispiel von P. Gastin zeigt.

Beispiel 4.1.2 Sei (Σ, D) mit $a, b \in \Sigma$ und $(a, b) \notin D$ gegeben. Betrachte die erkennbaren Sprachen $L_1 = (aa)^*(bb)^*$ und $L_2 = ab L_1$. Die Sprache $\overrightarrow{L_1} \cap \overrightarrow{L_2} = \{a^\omega b^\omega\}$ ist jedoch ein Beispiel für Sprachen, die nicht in der Form $\overrightarrow{L}$ mit $L \in \mathrm{Rec}(\mathbf{M})$ dargestellt werden können, so wie durch die folgende Aufgabe gezeigt wird. Beachte, daß $\{a^\omega b^\omega\}$ nach unserer Definition deterministisch ist.

Übung 11 *Seien M, M' zwei Monoide und $L \subseteq M \times M'$. Der Satz von Mezei [Ber79] besagt, daß $L \in \mathrm{Rec}(M \times M')$ genau dann gilt, wenn L als endliche Vereinigung von Sprachen $K \times K'$ mit $K \in \mathrm{Rec}(M)$ und $K' \in \mathrm{Rec}(M')$ dargestellt werden kann.*
Zeigen Sie mit dem Satz von Mezei, daß $\{a^\omega b^\omega\}$ nicht von der Form $\overrightarrow{L}$ mit $L \in \mathrm{Rec}(\mathbf{M})$ ist.

4.2 Deterministische asynchrone Automaten

Im Kontext unendlicher Wörter entsprechen die deterministischen Sprachen $\overrightarrow{L}$ (mit $L \subseteq \Sigma^+$ erkennbar) genau den ω-Sprachen, die von deterministischen Büchi Automaten akzeptiert werden. Es stellt sich natürlich die Frage, ob diese Charakterisierung zu $\mathrm{DRec}(\mathbb{R})$ und deterministischen, asynchronen bzw. asynchron-zellulären Büchi Automaten verallgemeinert werden kann. Es gilt zwar mit Lemma 4.1.1, daß deterministische, asynchron-zelluläre Büchi Automaten deterministische Sprachen erkennen (dies sei dem Leser zur Übung überlassen). Das folgende Beispiel zeigt jedoch, daß deterministische, asynchron-zelluläre Büchi Automaten ein zu schwaches Automatenmodell sind. Dies gilt sogar, wenn die Akzeptanzbedingung um eine alphabetische Komponente erweitert wird.

Beispiel 4.2.1 Sei $(\Sigma, D) = a—c—b$ und $L = \mathbb{M}a^+b^+ \in \text{Rec}(\mathbb{M})$. Wir zeigen, daß es *keinen* deterministischen, asynchron-zellulären Büchi Automaten gibt, der $\overrightarrow{L} \in \text{DRec}(\mathbb{R})$ akzeptiert.

Der Einfachheit halber verwenden wir hier eine leicht veränderte Akzeptanzbedingung für Büchi Automaten, die sich leicht als gleichwertig zur Definition 2.3.3 nachweisen läßt. Es sei daran erinnert, daß in der Definition 2.3.3 ein Tafelelement für jeden Buchstaben $a \in \Sigma$ eine Menge von lokalen a-Zuständen angibt, die für eine akzeptierende Berechnung unendlich oft als lokale Komponente vorkommen müssen.

Wir betrachten hier Büchi Automaten $\mathcal{A} = ((Q_a)_{a \in \Sigma}, (\delta_a)_{a \in \Sigma}, q_0, F, \mathcal{T})$, wobei die Tafel $\mathcal{T} \subseteq \prod_{a \in \Sigma} Q_a \times \mathcal{P}(\Sigma)$ um eine alphabetische Komponente erweitert ist. Wir bezeichnen wie üblich mit δ die globale Übergangsrelation des Automaten. Eine unendliche Berechnung $r = q_0, a_0, q_1, a_1, \ldots$, mit $q_n \in \prod_{a \in \Sigma} Q_a$, $q_{n+1} \in \delta(q_n, a_n)$, $a_n \in \Sigma$, wird akzeptiert, wenn ein $(f, A) \in \mathcal{T}$ existiert so, daß gilt:

- $f_a \in \inf_a(r) = \{q_a \mid \exists^\infty n : (q_n)_a = q_a\}$ für alle $a \in \Sigma$, und

- $A \subseteq \text{alphinf}(t)$.

Eine endliche Spur $t \in \mathbb{M}(\Sigma, D)$ wird akzeptiert, wenn $\delta(q_0, t) \cap F \neq \emptyset$.

Nehmen wir an, daß $\overrightarrow{L} = L(\mathcal{A})$ für einen deterministischen asynchron-zellulären Büchi Automaten $\mathcal{A}$ mit der obigen Akzeptanzbedingung gilt. Wir werden eine Spur $u \in \mathbb{R}(\Sigma, D)$ induktiv durch eine Sequenz $(u_n)_{n \geq 0}$ so definieren, daß $u \in L(\mathcal{A})$, aber $u \notin \overrightarrow{L}$ gilt.

Sei zunächst $u_0 = 1$. Angenommen, für $n \geq 0$ ist $u_n \in \mathbb{M}(\Sigma, D)$ bereits definiert, dann gilt $u_n ca^\omega b^\omega \in \overrightarrow{L} = L(\mathcal{A})$ und damit existiert ein Paar $(f_{n+1}, A_{n+1}) \in \mathcal{T}$ womit $u_n ca^\omega b^\omega$ akzeptiert wird; daher existieren $k, l > 0$ mit $\delta(q_0, u_n ca^k b^l) = f_{n+1}$ (man beachte, daß für die Spur $u_n ca^\omega b^\omega$ die unendlich oft vorkommenden Komponenten von f_{n+1} zu einer Aussage über das Vorkommen von f_{n+1} als globaler Zustand führen). Weiterhin sei $m := \max\{i \leq n \mid f_i = f_{n+1}\}$, falls der Zustand f_{n+1} in der Konstruktion bereits vorgekommen ist; sonst sei $m := n+1$.

Wir definieren nun u_{n+1} als

$$u_{n+1} = \begin{cases} u_n \, c \, b^l & \text{falls } m \neq n+1 \text{ und } u_m \in \mathbb{M}ca^+ \\ u_n \, c \, a^k & \text{sonst,} \end{cases}$$

und setzen $u = \bigsqcup_{n \geq 0} u_n$. Sei $(f, A) \in \mathcal{T}$ ein Paar, das in der Folge $(f_n, A_n)_{n \geq 0}$ unendlich oft vorkommt. Durch die alternierende Definition von $(u_n)_{n \geq 0}$ gilt:

$$\delta(q_0, u_n)_x = f_x, \; x \in \{a, c\}, \text{ für unendlich viele } u_n \in \mathbb{M}ca^+, \text{ und}$$
$$\delta(q_0, u_n)_x = f_x, \; x \in \{b, c\}, \text{ für unendlich viele } u_n \in \mathbb{M}cb^+.$$

Damit wird u mit $(f, A) \in \mathcal{T}$ akzeptiert, denn es gilt $f_x \in \inf_x(u)$ für alle $x \in \Sigma$, zusammen mit $A \subseteq \text{alphinf}(u) = \Sigma$. Andererseits haben wir aber $u \in (c(a^+ \cup b^+))^\omega$ und damit $u \notin \overrightarrow{L}$.

Abschließend sei angemerkt, daß eine zusätzliche Komponente in der Akzeptanzbedingung, wie beispielsweise $D(\text{alphinf}(u))$, für die Erkennung der obigen Sprache genausowenig ausreicht. Es gilt nämlich für alle $n \geq 0$: $D(\text{alphinf}(u)) = \Sigma = D(\text{alphinf}(u_n ca^\omega b^\omega))$.

Ein ähnliches Beispiel kann mit einem erweiterten Abhängigkeitsalphabet auch für deterministische asynchrone Büchi Automaten angegeben werden, womit auch dieses Modell für die Charakterisierung von $\text{DRec}(\mathbb{R})$ sich als zu schwach zeigt.

Übung 12 *Sei $\mathcal{A}$ ein deterministischer, asynchron-zellulärer Büchi Automat wie in Definition 2.3.3. Zeigen Sie, daß $L(\mathcal{A})$ eine deterministische Sprache ist.*

4.3 Determinismus und I-Diamant Büchi Automaten

Thema dieses Abschnitts ist eine Charakterisierung der Klasse $\text{DRec}(\mathbb{R})$ mittels deterministischer Büchi Automaten. Wir zeigen, daß die deterministischen reellen Spursprachen – als abgeschlossene Sprachen aus Σ^∞ – von deterministischen I-Diamant Büchi Automaten mit einer *erweiterten* Akzeptanzbedingung erkannt werden können. Wir betrachten in diesem Abschnitt nur deterministische Büchi Automaten $\mathcal{A} = (Q, \Sigma, \delta, q_0, F, \mathcal{T})$, die neben der Endzustandsmenge $F \subseteq Q$ eine Tafel $\mathcal{T} \subseteq \mathcal{P}(Q) \times \mathcal{P}(\Sigma)$ enthalten. Für $w \in \Sigma^\omega$ sei $\inf(w)$ die Menge der Zustände, die auf dem mit w beschrifteten Übergangspfad (falls er existiert) unendlich oft vorkommen. Ein unendliches Wort $w \in \Sigma^\omega$ wird akzeptiert, wenn ein Paar $(T, A) \in \mathcal{T}$ so existiert, daß $T \subseteq \inf(w)$ und $D(\text{alphinf}(w)) = D(A)$ beide gelten. Endliche Wörter werden mittels F akzeptiert.

Man beachte, daß die Operationen Vereinigung und Durchschnitt bei diesem Automatenmodell durch die übliche Produktautomaten-Konstruktion erfolgen können. Im Falle des Durchschnitts kann die I-Diamant Eigenschaft aufgrund der erweiterten Akzeptanzbedingung aufrechterhalten werden.

Übung 13 *Geben Sie für zwei I-Diamant Büchi Automaten $\mathcal{A}_1$, $\mathcal{A}_2$ einen I-Diamant Büchi Automaten $\mathcal{A}$ an, mit $L(\mathcal{A}) = L(\mathcal{A}_1) \cap L(\mathcal{A}_2)$.*

Zunächst vereinbaren wir einige Notationen. Mit der kanonischen Abbildung $\varphi : \Sigma^\infty \to \mathbb{R}(\Sigma, D)$ und $L \subseteq \mathbb{R}(\Sigma, D)$ sei $[L] \subseteq \Sigma^\infty$ gegeben durch $\{w \in \Sigma^\infty \mid \varphi(w) \in L\}$. Für $A, C \subseteq \Sigma$ seien folgende Mengen definiert:

$$\mathbf{M}_{A,C} = \{t \in \mathbf{M}(\Sigma, D) \mid D(\mathrm{alph}(t)) \subseteq D(A), (C \cap D(A)) \setminus \mathrm{alph}(t) \neq \emptyset\}, \text{ und}$$
$$\mathrm{Max}(C) = \{w \in \Sigma^\infty \mid \exists (t_n)_{n \geq 0} : \max(t_n) \subseteq C, \forall n \geq 0, \varphi(w) = \sqcup_{n \geq 0} t_n\}.$$

Weiterhin seien $\mathrm{Inf}_A = \{w \in \Sigma^\infty \mid D(\mathrm{alphinf}(w)) = D(A)\}$ und $\mathrm{Inf}_\subseteq(A) = \{w \in \Sigma^\infty \mid A \subseteq \mathrm{alphinf}(w)\}$.

Satz 4.3.1 *Seien $L \subseteq \mathbf{M}(\Sigma, D)$, $A, C \subseteq \Sigma$ mit $\max(t) = C$, für alle $t \in L$. Sei $C \cap D(A) \neq \emptyset$. Dann gilt:*

$$[\overrightarrow{L} \cap \mathbb{R}_A] = \overrightarrow{[L\mathbf{M}_{A,C}]} \cap \mathrm{Max}(C) \cap \mathrm{Inf}_\subseteq(C \cap D(A)) \cap \mathrm{Inf}_A.$$

Beweis: Die Inklusion von links nach rechts kann leicht nachgeprüft werden. Sei $p = p_0 p_1 \ldots \in \Sigma^\omega$ mit $p_0 \cdots p_n \in [L\mathbf{M}_{A,C}]$, $n \geq 0$. Es gelte außerdem $p \in \mathrm{Max}(C) \cap \mathrm{Inf}_A$ und $C \cap D(A) \subseteq \mathrm{alphinf}(p)$. Mit $p_0 \cdots p_n \in [L\mathbf{M}_{A,C}]$ existieren Spurfolgen $(t_n)_{n \geq 0} \subseteq L$, $(w_n)_{n \geq 0} \subseteq \mathbf{M}_{A,C}$ mit $\varphi(p_0 \cdots p_n) = t_n w_n$, daher $x := \varphi(p) = \sqcup_{n \geq 0} t_n w_n$.
Mit Satz 3.1.8 existieren Folgen $(s_i)_{i \geq 0}, (u_i)_{i \geq 0}, (v_i)_{i \geq 0} \subseteq \mathbf{M}(\Sigma, D)$, $(n_i)_{i \geq 0}$, mit

$$x = \sqcup_{i \geq 0} t_{n_i} w_{n_i}, \quad t_{n_i} = s_0 u_0 s_1 \cdots s_i \quad \text{und} \quad w_{n_i} = u_i v_0 v_1 \cdots v_i,$$

wobei für geeignete Alphabete $A_u \subseteq A_s, A_v$ gilt: $\mathrm{alph}(s_n) = A_s$, $\mathrm{alph}(v_n) = A_v$ für $n \geq 1$ bzw. $\mathrm{alph}(u_n) = A_u$, für $n \geq 0$ (vgl. Bem. nach Satz 3.1.8); weiterhin gilt $(A_v \cup \mathrm{alph}(v_0)) \times A_s \subseteq I$.
Angenommen, es würde $A_v \times C \not\subseteq I$ gelten, mittels $b \in A_v$, $c \in C$ mit $(b, c) \in D$. Damit folgt $c \in C \cap D(A) \subseteq \mathrm{alphinf}(x)$, d.h., $c \in A_s \cup A_v$. Zunächst zeigen wir $A_s \neq \emptyset$. Denn sonst wäre $x = s_0 v_0 v_1 \ldots$, $\mathrm{alphinf}(x) = A_v$ und $(C \cap D(A)) \setminus A_v \neq \emptyset$, Widerspruch zur Voraussetzung über p. Weiterhin gilt $\max(s_n) = \max(t_n) \cap \mathrm{alphinf}(x) = C \cap \mathrm{alphinf}(x) = C \cap D(A)$, also $c \in A_s$.

Damit erhalten wir einen Widerspruch zu $A_s \times A_v \subseteq I$. Es folgt also $v_n = 1$, für $n \geq 1$.

Wegen $D(A_s) = D(A)$, $\mathrm{alph}(v_0) \subseteq D(A)$ und $\mathrm{alph}(v_0) \times A_s \subseteq I$ folgt auch $v_0 = 1$ und damit $x \in \overrightarrow{L}$. $\qquad\square$

Übung 14 *Geben Sie einen deterministischen I-Diamant Büchi Automaten $\mathcal{A}$ über Σ an, mit $L(\mathcal{A}) = \mathrm{Inf}(a)$, für $a \in \Sigma$.*

Satz 4.3.2 *Für jede Sprache $L \in \mathrm{DRec}(\mathbb{R})$ existiert ein deterministischer, I-Diamant Büchi Automat $\mathcal{A}$ mit erweiterter Akzeptanzbedingung, der $[L] \subseteq \Sigma^\infty$ erkennt.*

Beweis: Nach Satz 4.3.1 genügt es, einen deterministischen Büchi Automaten mit erweiterter Akzeptanzbedingung und I-Diamant Eigenschaft für Sprachen der Form $\mathrm{Max}(C) \cap \mathrm{Inf}_B$, $B, C \subseteq \Sigma$, anzugeben. Wir betrachten den Automaten $\mathcal{A} = (Q, \Sigma, \cdot, \emptyset, F, \mathcal{T})$ mit $Q = \mathcal{P}(\Sigma)$ und der folgenden Übergangsfunktion:

$$A \cdot a = (A \cap I(a)) \cup \{a\}.$$

Offensichtlich gilt für $w \in \Sigma^*$: $\emptyset \cdot w = \max(\varphi(w))$. Die Tafel $\mathcal{T} \subseteq \mathcal{P}(Q)$ sei definiert durch $(T, B) \in \mathcal{T}$ genau dann, wenn für alle $A \in T$ und $a \in A$ Teilalphabete $A = A_0, A_1, \ldots, A_k$ und Buchstaben $a_i \in A_i$, $0 \leq i \leq k$, derart existieren, daß gilt:

- $A_i \in T$, für alle $0 \leq i \leq k$,

- $(a_i, a_{i+1}) \in D$, für alle $0 \leq i \leq k - 1$,

- $a_0 = a$ und $a_k \in C$.

Die Endzustandsmenge sei $F = \{A \mid A \subseteq C\}$. Für die Inklusion $L(\mathcal{A}) \subseteq \mathrm{Max}(C) \cap \mathrm{Inf}_B$ genügt es zu bemerken, daß für ein $w \in L(\mathcal{A})$ und jede Zusammenhangskomponente B' von $\mathrm{alphinf}(w)$ gilt: $B' \cap C \neq \emptyset$. Damit läßt sich $t = \varphi(w)$ faktorisieren als $t = t_0 t_1 \ldots$, mit $\mathrm{alph}(t_n) = \mathrm{alphinf}(w)$, $n \geq 1$, und jede Zusammenhangskomponente von t_n hat genau ein maximales Element b, wobei $b \in C$. Da zudem jedes $a \in \max(t_0) \cap I(\mathrm{alphinf}(t))$ in C liegen muß, folgt damit $\max(t_0 \cdots t_n) \subseteq C$, also $w \in \mathrm{Max}(C)$. $\qquad\square$

Sei $\mathcal{A} = (Q, \Sigma, \delta, q_0, F, \mathcal{T})$ ein deterministischer, I-Diamant Büchi Automat. Wir bezeichnen für $q \in Q$ mit L_q die Sprache $\{w \in \Sigma^+ \mid q = \delta(q_0, w)\}$. Wir zeigen, daß $\varphi(L(\mathcal{A})) \subseteq \mathbb{R}(\Sigma, D)$ deterministisch ist, mittels:

$$\varphi(L(\mathcal{A})) = \bigcup_{(T,A) \in \mathcal{T}} \left(\bigcap_{q \in T} \overrightarrow{\varphi(L_q)} \cap \mathbb{R}_A \right).$$

Die Inklusion von links nach rechts geht aus der Definition der Akzeptanz direkt hervor. Umgekehrt, sei $(T, A) \in \mathcal{T}$, $A \neq \emptyset$, so, daß $t \in \overrightarrow{\varphi(L_q)}$, für alle $q \in T$, sowie $t \in \mathbb{R}_A$ gilt. Man beachte, daß für jede abgeschlossene Sprache $L \subseteq \Sigma^*$ gilt: $\overrightarrow{\varphi(L)} = \varphi(\overrightarrow{L} \cup L)$. Es existieren damit Wörter $w_q \in \overrightarrow{L_q} \cap \mathrm{Inf}_A$, $q \in T$, mit $t = \varphi(w_q)$. Damit kann induktiv ein Wort w mit $t = \varphi(w)$ so bestimmt werden, daß $T \subseteq \mathrm{inf}(w)$ gilt. Denn für jedes endliche Präfix $x \in \Sigma^*$ mit $\varphi(x) < t$, sowie jedes $q \in T$, existiert ein Präfix $y < w_q$ mit $y \in L_q$, $\varphi(x) \leq \varphi(y)$. Damit läßt sich $z \in \Sigma^*$ so bestimmen, daß $\varphi(xz) = \varphi(y)$. Da $\mathcal{A}$ I-Diamant ist, gilt auch $\delta(q_0, xz) = q$.

Damit erhalten wir:

Korollar 4.3.3 *Die Familie $\{[L] \mid L \in \mathrm{DRec}(\mathbb{R})\}$ ist äquivalent zur Familie der abgeschlossenen Sprachen, die von deterministischen I-Diamant Büchi Automaten mit erweiterter Akzeptanzbedingung erkannt werden.*

Wir schließen diesen Abschnitt mit einer Anmerkung zur eingeführten erweiterten Akzeptanzbedingung. Wir könnten nämlich auch deterministische I-Diamant Büchi Automaten mit Tafel $\mathcal{T} \subseteq Q \times \mathcal{P}(\Sigma)$ betrachten. Ein Wort $w \in \Sigma^\omega$ wird mit $(f, A) \in \mathcal{T}$ akzeptiert, wenn $f \in \mathrm{inf}(w)$ und $D(\mathrm{alphinf}(w)) = D(A)$ beide gelten. Wir zeigen, daß diese Bedingung für die Erkennung deterministischer Sprachen nicht ausreicht.

Beispiel 4.3.4 Seien das Abhängigkeitsalphabet $(\Sigma, D) = a — c \quad b — d$ und die Sprache $L_{a,b} = \{w \in \mathbb{R}(\Sigma, D) \mid |w|_a = |w|_b = \infty\}$ gegeben. Es gilt: $L_{a,b}$ ist mit $L_{a,b} = \overrightarrow{\mathbb{M}a^+b^+} \cap \mathbb{R}_{\{a,b\}}$ eine deterministische Sprache, aber kein deterministischer I-Diamant Büchi Automat $\mathcal{A} = (Q, \Sigma, \delta, q_0, \mathcal{T})$ mit Tafel $\mathcal{T} \subseteq Q \times \mathcal{P}(\Sigma)$ erkennt $[L_{a,b}]$. Gäbe es einen solchen Automaten $\mathcal{A}$, so würde eine abgeschlossene, erkennbare Sprache $L \subseteq \Sigma^*$ mit $[L_{a,b}] = \overrightarrow{L} \cap \mathrm{Inf}_{\{a,b\}}$ existieren. Mit dem Satz von Mezei [Ber79] ist aber $\varphi(L) \in \mathrm{Rec}(\mathbb{M})$ eine endliche Vereinigung direkter Produkte $K \times M$ mit $K \in \mathrm{Rec}(\{a, c\}^*)$, $M \in \mathrm{Rec}(\{b, d\}^*)$. Damit läßt sich die abgeschlossene Sprache L darstellen als endliche Vereinigung, $L = \cup_{\mathrm{fin}}[KM]$.

Nun betrachte das Wort $u = a^n c^n b^n d^n$ und $u^\omega \in [L_{a,b}] = \overrightarrow{L} \cap \mathrm{Inf}_\Sigma$, für ein $n \geq 0$. Ohne Einschränkung sei $0 \leq q \leq n$ so, daß $u^m a^n c^n b^n d^q \in L$ für unendlich viele $m \geq 0$ erfüllt ist (der Fall $u^m a^n c^n b^q \in L$ verläuft analog). Mit der obigen Darstellung von L folgt für ein Paar K, M mit $[KM] \subseteq L$ und für eine unendliche Folge $m_0 < m_1 < \cdots$ aus $\mathbb{N}$: $u_{a,c}^m a^n c^n \in K$ bzw. $u_{b,d}^m b^n d^q \in M$ für $m = m_i$ (dabei bezeichnet $u_{x,y}$ die Projektion von u auf $\{x, y\}^*$).

Sei n genügend groß so, daß für ein geeignetes $p \in \mathbb{N}$ gilt: $u_{a,c}^{m_0} a^n c^{n+p\mathbb{N}} \subseteq K$ (beachte K erkennbar). Andererseits gilt $u_{b,d}^{m_i} b^n d^q \in M$ für $i \geq 1$. Mit $[KM]

$\subseteq L$ folgt abschließend

$$(u_{a,c}^{m_0}a^n c^n)(c^p u_{b,d}^{m_1+1})(c^p u_{b,d}^{m_2-m_1})\cdots(c^p u_{b,d}^{m_k-m_{k-1}-1}b^n d^q) \in L,$$

und damit $z := (u_{a,c}^{m_0}a^n c^n)(c^p u_{b,d}^{m_1+1})(c^p u_{b,d}^{m_2-m_1})\cdots(c^p u_{b,d}^{m_k-m_{k-1}})\ldots \in \overrightarrow{L}$. Außerdem haben wir $z \in \mathrm{Inf}_{\{b,c,d\}} = \mathrm{Inf}_{\{a,b\}}$, andererseits aber $z \notin [L_{a,b}]$.

Kapitel 5

Komplementierung asynchroner Büchi Automaten

Die Komplementierung nichtdeterministischer Büchi ω-Automaten markierte in den 60'er Jahren den Anfangspunkt der Untersuchung von Erkennbarkeit im Kontext unendlicher Wörter [Büc60]. Ursprünglich für die Entscheidbarkeit der monadischen Logik zweiter Stufe S1S benötigt, erwies sich ein effizientes Verfahren für die Komplementierung von großer Bedeutung für Entscheidungsalgorithmen in erweiterten Systemen temporaler Aussagenlogik.

Von den vorliegenden Lösungen für das Problem der Komplementierung für ω-Automaten haben wir das elegante, optimale Verfahren des Fortschrittsmaßes von N. Klarlund [Kla91] ausgewählt, um es für asynchrone (-zelluläre) Büchi Automaten zu erweitern. Der Ausgangspunkt der Konstruktion von Klarlund ist ein klassischer Potenzautomat, wodurch bei asynchronen Automaten die erste Schwierigkeit auftritt. Das Problem der Determinisierung für asynchrone Automaten war lange Zeit offen. Im ersten Abschnitt dieses Kapitels stellen wir eine Konstruktion für die Determinisierung von asynchron-zellulären Automaten vor, die auf dem Begriff der asynchronen Abbildungen von Zielonka beruht. Etwa zur selben Zeit, zu der die vorliegende Abhandlung entstand, ist eine weitere Potenzautomaten-Konstruktion für asynchrone Automaten durch Klarlund et. al. entstanden [KMS94]. Die Ergebnisse dieses Kapitels erscheinen in [Mus94].

5.1 Determinisierung asynchroner Automaten

Ein wesentlicher Aspekt in Zielonkas Konstruktion für deterministische asynchrone Automaten ist durch eine Zeitstempel (time-stamping) Abbildung mit beschränktem Wertebereich gegeben. Diese erlaubt es, die Aktualität von indirekt übertragener Information festzustellen, indem beispielsweise für zwei nebenläufige Aktionen a, b bestimmt werden kann, welche der beiden das letzte Vorkommen einer Aktion c "gesehen" hat.

Im folgenden werden wir für $A, B \subseteq \Sigma$ das Präfix $\partial_A(\partial_B(t))$ von $t \in \mathbb{M}(\Sigma, D)$ mit $\partial_{A,B}(t)$ abkürzen, sowie statt $\partial_{\{a\}}(t)$, direkt $\partial_a(t)$ schreiben. Die nachfolgend induktiv definierte Abbildung $\nu : \mathbb{M}(\Sigma, D) \to \{0, \dots, |\Sigma|\}^{\Sigma \times \Sigma}$ realisiert die Zeitstempel Funktion:

- $\nu(1)(a, b) = 0$.

- Für $t \neq \partial_{a,b}(t)$ sei $\nu(t)(a, b) = \nu(\partial_{a,b}(t))(a, a)$.

- Für $t = \partial_a(t)$ mit $t \neq 1$ sei

$$\nu(t)(a, a) = \min\{n > 0 \mid n \neq \nu(t)(a, c) \text{ für alle } c \neq a\}.$$

Über den Wert $\nu(t)$ für eine Spur $t \in \mathbb{M}(\Sigma, D)$ sind grundlegende Informationen über die Präfixordnung auf t gegeben. Dabei geht es insbesondere um Präfixe der Form $\partial_a(t)$ mit $a \in \Sigma$. Es gilt nämlich für alle $t \in \mathbb{M}(\Sigma, D)$, $a, b, c \in \Sigma$:

$$\partial_{c,a}(t) = \partial_{c,b}(t) \qquad \Longleftrightarrow \qquad \nu(t)(c, a) = \nu(t)(c, b).$$

Mit $\partial_{c,a}\partial_A(t) = \partial_{c,a}(t)$ für $a \in A$ und der Definition von ν gilt auch $\nu(\partial_A(t))(c, a) = \nu(t)(c, a)$, $a \in A$. Im folgenden fassen wir wesentliche Eigenschaften der Abbildung ν zusammen:

Fakt 5.1.1 ([CMZ93, Die90])
- *Es sei $\nu(t)$ (oder beide Werte $\nu(\partial_A(t))$, $\nu(\partial_B(t))$) gegeben. Damit ist die Menge $C_{a,b} = \{c \in \Sigma \mid \partial_{c,a}(t) = \partial_{c,b}(t)\}$ für alle $a, b \in A \cup B$ bekannt. Desweiteren kann für jedes $c \in \Sigma$ bestimmt werden, welcher der drei folgenden Fälle vorliegt: $\partial_{c,A}(t) = \partial_{c,B}(t)$, $\partial_{c,A}(t) < \partial_{c,B}(t)$ oder $\partial_{c,B}(t) < \partial_{c,A}(t)$.*

- *Die Abbildung ν ist asynchron.*

Für die Determinisierung von nichtdeterministischen asynchron-zellulären Automaten nehmen wir die Zeitstempel Abbildung ν als Basis und erweitern sie durch eine Abbildung ρ, die alle Berechnungen des gegebenen asynchron-zellulären Automaten $\mathcal{A} = ((Q_a)_{a \in \Sigma}, (\delta_a)_{a \in \Sigma}, q_0, F)$ beschreibt.

Im folgenden werden wir die Menge der globalen Zustände des Automaten $\mathcal{A}$, $\prod_{a \in \Sigma} Q_a$, mit Q bezeichnen. Weiterhin bezeichnen wir mit $R_\mathcal{A}(t)$ die Menge der

Berechnungen von $\mathcal{A}$ auf t, die im Startzustand q_0 beginnen. Eine Berechnung $r \in R_{\mathcal{A}}(t)$ im Automaten $\mathcal{A}$ wird als Beschriftung des Abhängigkeitsgraphen $[V_t, E_t, \lambda_t]$ von t mit lokalen Zuständen angesehen. Dabei soll r sowohl mit der alphabetischen Beschriftung λ_t, als auch mit den lokalen Übergangsrelationen $(\delta_a)_{a \in \Sigma}$ konsistent sein. Genauer, sei $(a, n_a) \in V_t$ ein Knoten und $q_b = r(b, n_b)$, wobei (b, n_b) der letzte mit b beschriftete Knoten vor (a, n_a) ist, falls ein solcher existiert. Ansonsten sei $q_b = (q_0)_b$ festgelegt. Dann wird für r gefordert, daß $r(a, n_a) \in \delta_a((q_b)_{b \in D(a)})$ erfüllt ist.

Weiterhin bezeichnen wir für $u \in \mathbb{M}(\Sigma, D)$ und eine Berechnung $r \in R_{\mathcal{A}}(u)$ mit $\delta(r, u) \in Q$ den globalen Zustand, den r auf der Spur u erreicht.

Sei nun $\rho : \mathbb{M}(\Sigma, D) \to \mathcal{P}(Q^\Sigma)$ definiert für $t \in \mathbb{M}(\Sigma, D)$ durch

$$\rho(t) = \{f : \Sigma \to Q \mid \exists r \in R_{\mathcal{A}}(t) : \ f(a) = \delta(r, \partial_a(t)), \ \text{für alle } a \in \Sigma\}.$$

Damit entspricht jedes $f \in \rho(t)$ einer Berechnung r auf t so, daß für alle $a, b \in \Sigma$ gilt: $f(a)_b$ ist der lokale b-Zustand, der in der Berechnung r auf dem Präfix $\partial_{b,a}(t)$ von t erreicht wird. Der folgende Satz stellt die Basis des Potenzautomaten für einen asynchron-zellulären Automaten $\mathcal{A} = ((Q_a)_{a \in \Sigma}, (\delta_a)_{a \in \Sigma}, q_0, F)$ dar.

Satz 5.1.2 *Die Abbildung (ν, ρ) ist asynchron. Zusätzlich gilt:*

$$L(\mathcal{A}) = \{t \in \mathbb{M}(\Sigma, D) \mid \exists p = (p_a)_{a \in \Sigma} \in F, \ \exists f \in \rho(t) : \ f(a)_a = p_a, \ \forall a \in \Sigma\}.$$

Beweis: Durch (5.1.1) wissen wir, daß die erste Komponente der obigen Abbildung (ν) asynchron ist. Es seien nun $t \in \mathbb{M}(\Sigma, D)$, $a \in \Sigma$, $A, B \subseteq \Sigma$. Angenommen, der Wert $\rho(\partial_{D(a)}(t))$ und der Buchstabe a sind gegeben, so definieren wir $R \subseteq Q^\Sigma$ durch $g \in R$ genau dann, wenn für ein $f \in \rho(\partial_{D(a)}(t))$ gilt:

- $g(b) = f(b)$, für $b \neq a$;

- $g(a) = (q_x')_{x \in \Sigma}$, wobei $q_x' = f(x)_x$ für $x \neq a$, bzw. $q_a' \in \delta_a((f(b)_b)_{b \in D(a)})$ gilt.

Es kann nun leicht überprüft werden, daß $R = \rho(\partial_a(ta))$ gilt, denn jede Berechnung auf $\partial_a(ta)$ entsteht als Erweiterung einer Berechnung auf dem Präfix $\partial_{D(a)}(t)$ mittels eines a-Übergangs.

Notation: Für jedes Paar f, g wie eben, mit $q = f(a)$ und $q' = g(a)$, werden wir im nächsten Abschnitt die Bezeichnung $q \overset{(a)}{\to} q'$ verwenden. Dies bedeutet, daß eine Berechnung $r \in R_{\mathcal{A}}(\partial_a(ta))$ von $\mathcal{A}$ auf dem Präfix $\partial_a(ta)$ existiert so, daß gilt: $q = \delta(r, \partial_a(t))$ und $q' = \delta(r, \partial_a(ta))$.

Wir betrachten nun $A, B \subseteq \Sigma$, $t_1 = \partial_A(t)$, $t_2 = \partial_B(t)$, $s = t_1 \cap t_2$ mit $t_1 = su$ und $t_2 = sv$, wobei $\mathrm{alph}(u) \times \mathrm{alph}(v) \subseteq I$ gilt. Weiterhin bezeichnen wir mit C die Menge

$$C = \{c \in \Sigma \mid \partial_c(t_1) = \partial_c(t_2)\}.$$

Angenommen, die Werte $\rho(t_1), \rho(t_2)$ sind bekannt. Dann definieren wir $R \subseteq Q^{\Sigma}$ durch $f \in R$ genau dann, wenn $f_i \in \rho(t_i)$ $(i = 1, 2)$ mit $f_1(c) = f_2(c)$ für alle $c \in C$ existieren so, daß für alle $a, b \in \Sigma$ gilt:

$$f(a)_b = \begin{cases} f_1(a)_b & \text{falls } \partial_a(t_2) \leq \partial_a(t_1) \\ f_2(a)_b & \text{falls } \partial_{b,C}(t_2) < \partial_{b,a}(t_2) \\ f_1(d)_b & \text{sonst, für ein } d \text{ mit } \partial_{b,a}(t_2) = \partial_{b,d}(t_1). \end{cases}$$

Wir werden anschließend zeigen, daß f auch im letzten Fall (vgl. auch Abb. 5.1)

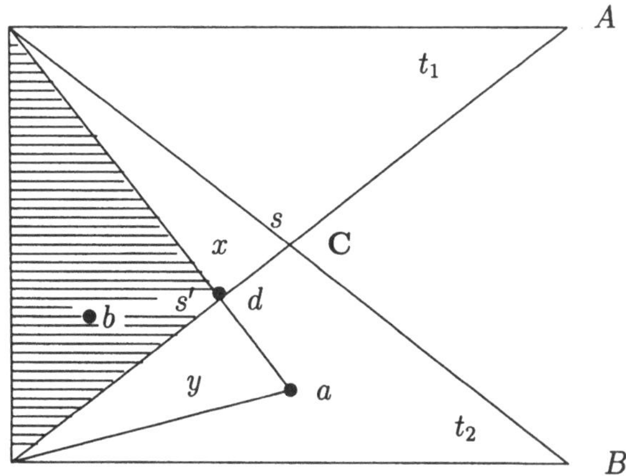

Abbildung 5.1: $\partial_a(t_1) < \partial_a(t_2)$, und $\partial_{b,a}(t_2) \leq \partial_{b,C}(t_2)$. Der markierte Bereich stellt $s' = s \cap \partial_a(t_2)$ dar.

wohldefiniert ist. Zunächst sei die Bedeutung der Definition erklärt. Die Grundidee besteht darin, daß zwei Berechnungen von $\mathcal{A}$ auf den Spuren $t_1 = \partial_A(t)$ bzw. $t_2 = \partial_B(t)$ kombinierbar sind, falls sie denselben globalen Zustand auf dem gemeinsamen Präfix $s = t_1 \cap t_2$ erreichen. Für C wie oben definiert gilt aber $\partial_C(t_1) = \partial_C(t_2) = \partial_C(s) = s$, daher auch $\max(s) \subseteq C$ (vgl. [CMZ93, Die90]).

Damit folgt für zwei Berechnungen $r_i \in R_\mathcal{A}(t_i)$, und die dazugehörigen Abbildungen f_i mit $f_i(a) = \delta(r_i, \partial_a(t_i))$, $a \in \Sigma$:

$$(\forall c \in C : \; f_1(c) = f_2(c)) \quad \Longrightarrow \quad \delta(r_1, s) = \delta(r_2, s)\,.$$

(Man beachte, daß mit $\max(s) \subseteq C$ auch $\partial_a(s) = \partial_{a,c}(s) = \partial_{a,c}(t_i)$ für $a \in \Sigma$ und ein geeignetes $c \in C$, $i = 1, 2$ gilt.) Damit ist die Abbildung r, die die Knoten des Abhängigkeitsgraphen von $t_1 \cup t_2$ mit lokalen Zuständen gemäß der Berechnung r_1 auf dem Faktor su bzw. gemäß r_2 auf dem Faktor v beschriftet, eine wohldefinierte Berechnung von $\mathcal{A}$ auf $t_1 \cup t_2$. Die oben definierte Abbildung f entspricht aber genau der Berechnung r, denn es gilt für $a, b \in \Sigma$:

1. $\partial_{b,a}(t) = \partial_{b,a}(t_1)$, falls $\partial_a(t_2) \leq \partial_a(t_1)$;

2. $\partial_{b,a}(t) = \partial_{b,a}(t_2)$, falls $\partial_{b,C}(t_2) < \partial_{b,a}(t_2)$. Beachte, daß in diesem Fall gilt: $\partial_{b,a}(t) \not\leq s$.

3. Schließlich seien $\partial_a(t_1) < \partial_a(t_2)$ und $\partial_{b,a}(t_2) \leq \partial_{b,C}(t_2)$ erfüllt (vgl. auch Abb. 5.1). Ohne Einschränkung sei $\partial_{b,a}(t_2) \neq 1$ (ansonsten wähle $d = a$) und betrachte die Menge $C' = \{d \in \Sigma \mid \partial_{d,a}(t_2) = \partial_{d,C}(t_2) \; (= \partial_d(s))\}$. Im folgenden bezeichnen wir mit s' das gemeinsame Präfix von s und $\partial_a(t_2)$, d.h., es sei $s' = s \cap \partial_a(t_2)$, mit $s = s'x$ bzw. $\partial_a(t_2) = s'y$ für geeignete $x, y \in \mathbb{M}(\Sigma, D)$, wobei $\mathrm{alph}(x) \times \mathrm{alph}(y) \subseteq I$. Man beachte, daß $\max(s') \subseteq C'$.

   Wegen $\partial_{b,a}(t_2) \leq \partial_{b,C}(t_2) = \partial_b(s)$ gilt offensichtlich auch $\partial_{b,a}(t_2) = \partial_b(s') = \partial_{b,C'}(s)$, und damit auch $s' \neq 1$ bzw. $C' \neq \emptyset$. Es folgt $\partial_{b,a}(t_2) = \partial_{b,d}(s') = \partial_{b,d}(s)$ für ein geeignetes $d \in \max(s') \subseteq C'$. Es genügt zu zeigen: $\partial_d(s) = \partial_d(t_1)$.

   Aufgrund der Definition von C', s', x, y folgt unmittelbar $C' \cap \mathrm{alph}(x) = \emptyset$. Nehmen wir nun an, daß $d \in \mathrm{alph}(u)$ gilt. Wegen $d \in \max(s')$ existiert auch ein $e \in \mathrm{alph}(y)$ (damit $e \in \mathrm{alph}(v)$) mit $(d, e) \in D$ (ansonsten würde $\partial_a(t_2) \leq s$ gelten). Damit ist der Widerspruch zu $d \in \mathrm{alph}(u)$ erreicht. Daraus folgt mit $t_1 = s'xu$ die Beziehung $\partial_d(t_1) = \partial_d(s') = \partial_d(s)$. Somit erhalten wir die gewünschte Identität $\partial_{b,a}(t_2) = \partial_{b,d}(t_1)$.

   Aus den vorherigen Überlegungen folgt auch $\partial_{b,a}(t_2) = \partial_{b,C''}(s) = \partial_{b,C''}(t_1)$, für $C'' := C' \cap D(\mathrm{alph}(v))$. Ein Buchstabe d mit $1 \neq \partial_{b,a}(t_2) = \partial_{b,d}(t_1)$ wird nun effektiv wie folgt berechnet: unter Verwendung von $\nu(t_1)$, $\nu(t_2)$ bestimmen wir zunächst C und das Alphabet von v, $\mathrm{alph}(v)$ [CMZ93]; unter erneuter Verwendung von $\nu(t_2)$ wird anschließend C' berechnet. Schließlich wählen wir $d \in C''$ so, daß $\partial_{b,C''}(t_1) = \partial_{b,d}(t_1)$ (unter Verwendung von $\nu(t_1)$). Damit folgt:

$$\partial_{b,d}(t_1) = \partial_{b,C''}(t_1) = \partial_{b,C''}(s) = \partial_{b,a}(t_2)\,. \qquad \square$$

Theorem 5.1.3 *Gegeben sei ein nichtdeterministischer asynchron-zellulärer Automat $\mathcal{A} = ((Q_a)_{a \in \Sigma}, (\delta_a)_{a \in \Sigma}, q_0, F)$. Dann kann ein deterministischer asynchron-zellulärer Automat $\tilde{\mathcal{A}} = ((\tilde{Q}_a)_{a \in \Sigma}, (\tilde{\delta}_a)_{a \in \Sigma}, \tilde{q}_0, \tilde{F})$ effektiv konstruiert werden so, daß $L(\mathcal{A}) = L(\tilde{\mathcal{A}})$. Der Automat $\tilde{\mathcal{A}}$ besitzt $2^{O(N^{|\Sigma|})}$ globale Zustände, wobei N die Anzahl der globalen Zustände von $\mathcal{A}$ ist.*

Beweis: Folgt direkt aus Satz 5.1.2, zusammen mit den Grundzügen der Konstruktion von Zielonka aus Abschnitt 2.2. $\qquad\qquad\square$

Bemerkung

1. Die Konstruktion aus Satz 5.1.3 läßt sich für asynchrone Automaten leicht abändern. Sei $\mathcal{A} = ((Q_i)_{i=1}^{m}, (\delta_a)_{a \in \Sigma}, q_0, F)$ ein asynchroner Automat, $Q = \prod_{i=1}^{m} Q_i$ und sei $A_i = \{a \in \Sigma \mid i \in \mathrm{dom}(a)\}$ (beachte $A_i \times A_i \subseteq D$). Mit $[m]$ sei die Menge $\{1, \dots, m\}$ bezeichnet. Betrachte nun die Abbildung $\rho : \mathbb{M}(\Sigma, D) \to \mathcal{P}(Q^{[m]})$:

$$\rho(t) := \left\{ f : [m] \to Q \mid \exists r \in R_{\mathcal{A}}(t) : \ \delta(r, \partial_{A_i}(t)) = f(i) \right\}.$$

   Es läßt sich zeigen, daß $\mu = (\nu, \rho)$ asynchron ist und wir erhalten damit einen deterministischen asynchron-zellulären Automaten $\mathcal{A}_\mu = ((Q_a)_{a \in \Sigma}, (\delta'_a)_{a \in \Sigma}, q'_0, F')$, der äquivalent ist zu $\mathcal{A}$. Dieser kann durch Einbettung in einen äquivalenten asynchronen Automaten umgewandelt werden (d.h., durch $Q'_i := \prod_{a : i \in \mathrm{dom}(a)} Q_a$). Der Anstieg der Anzahl globaler Zustände beträgt hier $2^{O(N^m)}$.

2. In [KMS94] wird ein verwandtes Verfahren, sowie eine untere Schranke für die Determinisierung asynchroner Automaten angegeben. Die Konstruktion ergibt Potenzautomaten mit $2^{O(n^{m^3})}$ lokalen Zuständen, wobei n die Anzahl lokaler Zustände des Ausgangsautomaten bezeichnet. Das Beispiel für die untere Schranke führt zu einer superexponentiellen unteren Schranke von $2^{O(n^{|\Sigma|})}$, und zwar auch für asynchron-zelluläre Automaten. Die Größe des Potenzautomaten aus Satz 5.1.3 ($2^{O(n^{|\Sigma|^2})}$) ist daher optimal, falls die Alphabetgröße $|\Sigma|$ als konstante Größe betrachtet wird. Das Ergebnis von Satz 5.1.3 läßt sich zu asynchron-zellulären Potenzautomaten mit $2^{n^{O(|\Sigma|)}}$ lokalen Zuständen (bzw. $2^{n^{O(m)}}$ für asynchrone Potenzautomaten) verbessern. Die zugrundeliegende asynchrone Abbildung ist allerdings aufwendiger und wird hier nicht behandelt.

Abschließend sei an dieser Stelle angemerkt, daß Zielonkas Konstruktion indirekt für die (asynchrone) Determinisierung angewendet werden könnte, wenn der gegebene asynchron-zelluläre Automat als Wortautomat angesehen und mittels der üblichen Potenzautomaten-Konstruktion determinisiert wird. Unter Verwendung des minimalen Automaten kann anschließend eine Variante der Konstruktion von Zielonka [CMZ93] verwendet werden, wodurch ein einfach exponentieller Anstieg der Zustandszahl entsteht. Man beachte jedoch, daß die hier vorgestellte Konstruktion unmittelbar die verteilte Kontrollstruktur des gegebenen Automaten benutzt und damit nur erreichbare Zustände darin eingehen, im Gegensatz zum vorher beschriebenen Ansatz.

5.2 Komplementierung asynchroner Büchi Automaten

Für die Komplementierung asynchroner (zellulärer) Büchi Automaten verwenden wir die Methode des Fortschrittsmaßes (*progress measure*), die von Klarlund [Kla91] eingeführt wurde, um Büchi bzw. Streett ω-Automaten effizient zu komplementieren. Die Grundidee seiner Konstruktion besteht in der Berechnung eines Fortschrittsmaßes auf einem gerichteten, azyklischen (Berechnungs-) Graphen $G = (V, E)$. Alle Pfade in G werden daraufhin überprüft, daß sie eine vorgegebene Bedingung B nur endlich oft erfüllen. Das Fortschrittsmaß ist die lokale Zusicherung dieser global zu erfüllenden Bedingung. Die Existenz eines geeigneten Fortschrittsmaßes ist gleichbedeutend damit, daß jeder Pfad die Bedingung B nur endlich oft erfüllt. Intuitiv quantifiziert das Fortschrittsmaß eines Knotens $v \in V$, wieweit dieser Knoten davon entfernt ist, daß alle von ihm ausgehenden Pfade die Bedingung B nie wieder erfüllen.

Unser Ausgangspunkt ist ein asynchron-zellulärer Automat $\mathcal{A}$ mit einer leicht modifizierten Büchi Akzeptanzbedingung. Diese gibt für jeden Buchstaben nur einen lokalen Zustand vor, der unendlich oft wiederholt werden muß. Zusätzlich spezifiziert die Akzeptanzbedingung die Buchstaben, die unendlich oft vorkommen sollen, d.h., die Menge alphinf(t). Formal gesehen werden wir einen Automaten $\mathcal{A} = ((Q_a)_{a \in \Sigma}, (\delta_a)_{a \in \Sigma}, q_0, \mathcal{T})$ mit $\mathcal{T} \subseteq Q \times \mathcal{P}(\Sigma) \times \mathcal{P}(\Sigma)$ betrachten, wobei $Q = \prod_{a \in \Sigma} Q_a$ die Menge der globalen Zustände in $\mathcal{A}$ bezeichnet. Im folgenden sei $A = \dot{\bigcup}_{i=1}^{k} A_i$ die Zerlegung von $A \subseteq \Sigma$ in Zusammenhangskomponenten. Jedes A_i ist also zusammenhängend, und es gilt $A_i \times A_j \subseteq I$, für alle $i \neq j$. Ein Element der Tafel $\mathcal{T}$ wird ein Tripel $(p, A, \{a_1, \dots, a_k\})$ sein, mit der Einschränkung $a_i \in A_i$, für alle $1 \leq i \leq k$.

Im folgenden verwenden wir weiterhin die Bezeichnung $R_\mathcal{A}(t)$ für die Menge der Berechnungen von $\mathcal{A}$ auf $t \in \mathbb{R}(\Sigma, D)$ (definiert wie im vorigen Abschnitt, diesmal aber für unendliche Abhängigkeitsgraphen). Eine Berechnung $r \in R_\mathcal{A}(t)$ wird mit dem Tafelelement $(p, A, \{a_1, \dots, a_k\})$ akzeptiert, wenn $A = $ alphinf(t) erfüllt ist und jeder lokale Zustand p_a mit $a \in \bar{A} \cup \{a_1, \dots, a_k\}$ unendlich oft wiederholt wird oder einen Haltezustand darstellt, d.h.,

- $A = \mathrm{alphinf}(t)$ und

- für alle $a \in \bar{A} \cup \{a_1, \ldots, a_k\}$ gilt $p_a \in \mathrm{inf}_a(r)$, wobei

$$\mathrm{inf}_a(r) := \{q_a \in Q_a \mid \forall n < |t|_a \ \exists n \leq m < |t|_a : r(a, m) = q_a\}.$$

Man beachte, daß der Übergang von der üblichen Büchi Bedingung mit Tafel $\mathcal{T} \subseteq \prod_{a \in \Sigma} \mathcal{P}(Q_a)$ zur obigen Bedingung einfach durch Verwendung der Buchstaben a_i $(1 \leq i \leq k)$ geschieht, indem die Information über die durchlaufenen lokalen Zustände $\bigcup_{a \in A_i} T_a$ (wobei $T = (T_a)_{a \in \Sigma} \in \mathcal{T}$) durch a_i gesammelt wird. Die umgekehrte Transformation ist trivial, da lediglich die Menge der Buchstaben, die unendlich oft auftreten, zusätzlich (nichtdeterministisch) überprüft werden muß.

Für $t \in \mathbb{R}(\Sigma, D)$, $a \in \Sigma$, $0 \leq n < |t|_a$, sei $t[a, n] = \sqcap\{u \leq t \mid |u|_a = n + 1\}$ das kleinste Präfix von t, das die ersten $n + 1$ Vorkommen des Buchstaben a enthält (beachte $\max(t[a, n]) = \{a\}$). Weiterhin sei

$$U_a(t) = \{(q, n) \mid n < |t|_a, \ q \in \delta(q_0, t[a, n])\}.$$

Die Menge $U_a(t)$ enthält also *globale* Zustände, die auf Präfixe der Form $t[a, n]$ erreicht werden können. Insbesondere verwenden wir für $a = a_i$, $1 \leq i \leq k$, die Abkürzung $U_i(t)$ für $U_{a_i}(t)$.

Für alle $n + 1 < |t|_a$, $q, q' \in U_a(t)$, schreiben wir $(q, n) \overset{a,t}{\leadsto} (q', n + 1)$ statt $q' \in \delta(q, t[a, n]^{-1} t[a, n + 1])$.

Schließlich werden wir durchgehend den Begriff eines Berechnungsgraphen für einen Untergraphen von $(U_a(t), \overset{a,t}{\leadsto})$ verwenden.

Der folgende Satz legt die Grundlage des Automaten, der $\mathbb{R}(\Sigma, D) \setminus L(\mathcal{A})$ erkennt. Es seien $N = |Q|$ und $F_i := \{q \in Q \mid q_{a_i} = p_{a_i}\}$, $1 \leq i \leq k$, wobei $p = (p_a)_{a \in \Sigma}$ die erste Komponente des einzigen Elements der Tafel $\mathcal{T}$ von $\mathcal{A}$ sein wird.

Satz 5.2.1 *Sei* $\mathcal{A} = ((Q_a)_{a \in \Sigma}, (\delta_a)_{a \in \Sigma}, q_0, \mathcal{T})$ *ein asynchron-zellulärer Büchi Automat mit Tafel* $\mathcal{T} = \{(p, A, \{a_1, \ldots, a_k\})\}$, *wobei* $p \in Q$, $A \subseteq \Sigma$, **und** $a_i \in A_i$ *für* $1 \leq i \leq k$.

Sei $t \in \mathbb{R}(\Sigma, D)$ *mit* $\mathrm{alphinf}(t) = A$. *Dann gilt* $t \notin L(\mathcal{A})$ *genau dann, wenn* **eine** *Familie von Berechnungsgraphen* $(G_i(t))_{1 \leq i \leq k}$ *mit* $G_i(t) = (V_i(t), E_i(t))$, *sowie Abbildungen* $(\Phi_i)_{1 \leq i \leq k}$, $\Phi_i : U_i(t) \to \{0, 1, \ldots, 2N + 1\}$ *derart existieren,* **daß** *folgende Bedingungen für alle* $1 \leq i \leq k$ *erfüllt sind:*

1. *$(V_i(t), E_i(t))$ ist der Untergraph von $(U_i(t), \overset{a_i,t}{\to})$, der durch $V_i(t) = U_i(t) \setminus \Phi_i^{-1}(2N+1)$ induziert wird.*

2. *Jede Abbildung $\Phi_i : U_i(t) \to \{0, 1, \dots, 2N+1\}$ erfüllt folgende Bedingungen, wobei $(q, n), (q', n+1) \in U_i(t)$:*

   (i) *Φ_i ist schwach monoton fallend bzgl. der Übergangsrelation $\overset{a_i,t}{\to}$:*

   $$(q, n) \overset{a_i,t}{\to} (q', n+1) \implies \Phi_i(q, n) \geq \Phi_i(q', n+1).$$

   (ii) *Für $(q, n) \overset{a_i,t}{\to} (q', n+1)$ mit $\Phi_i(q, n) = \Phi_i(q', n+1)$ gilt entweder $q' \notin F_i$ oder $\Phi_i(q, n) \in \{0, 2, \dots, 2N\} \cup \{2N+1\}$.*

   (iii) *Sei $(q_n, n)_{n \geq n_0} \subseteq V_i(t)$ eine Folge mit $(q_n, n) \overset{a_i,t}{\to} (q_{n+1}, n+1)$, $n \geq n_0$. Dann gilt*

   $$\lim_{n \to \infty} \Phi_i(q_n, n) \in \{1, 3, \dots, 2N-1\}.$$

3. *Es existiert ein endliches Präfix $t_0 \leq t$ von t mit $|t_0|_a = |t|_a$ für alle $a \notin A$ so, daß jede Berechnung $r \in R_{\mathcal{A}}(t_0)$ eine der beiden Bedingungen erfüllt:*

   - *Entweder gilt $\delta(r, t_0)_a \neq p_a$ für ein $a \in \bar{A}$,*
   - *oder es gilt $(\delta(r, \partial_{a_i}(t_0)), |t_0|_{a_i} - 1) \in V_i(t)$ für ein $1 \leq i \leq k$.*

Bemerkung Jede Abbildung Φ_i ist im Sinne von Klarlund [Kla91] ein Pseudo-Fortschrittsmaß, das bezüglich dem Wertebereich $\{0, 2, \dots, 2N\}$ nicht stationär ist. Der Wert des Fortschrittsmaßes Φ_i für einen Knoten v gibt an, wieweit die in v startenden Berechnungspfade davon entfernt sind, den lokalen Zustand p_{a_i} nicht mehr zu wiederholen.

Man beachte auch, daß mit der Definition von $V_i(t)$ und der Monotonie von Φ_i die Berechnungsgraphen $G_i(t)$ unter der Kantenrelation $\overset{a_i,t}{\to}$ abgeschlossen sind: Für $(q, n) \overset{a_i,t}{\to} (q', n+1)$ mit $(q, n) \in V_i(t)$ gilt auch $(q', n+1) \in V_i(t)$.

Bedingung (3) des Satzes ist eine Zusicherung dafür, daß die nicht in den Berechnungsgraphen $G_i(t)$, $1 \leq i \leq k$, erfaßten Zustände *nicht* zu einer Berechnung $r \in R_{\mathcal{A}}(t)$ synchronisiert werden können. Dies wird bedeuten, daß jede Berechnung r auf t entweder wegen $\inf_a(r) \neq \{p_a\}$ für ein $a \notin$ alphinf(t) ablehnt, oder aber wegen eines Zustands p_{a_i}, der nicht unendlich oft wiederholt wurde. Letzteres bedeutet, daß $1 \leq i \leq k$ und ein $n_i \in \mathbf{N}$ existieren mit $(\delta(r, t[a_i, n_i]), n_i) \in V_i(t)$ (und damit auch $(\delta(r, t[a_i, n]), n) \in V_i(t)$, für alle $n \geq n_i$).

Beweis von 5.2.1: Angenommen, es existieren Berechnungsgraphen $G_i(t)$, $G_i(t) = (V_i(t), E_i(t))$, und zugehörige Abbildungen Φ_i, $1 \leq i \leq k$ so, daß die

Voraussetzungen des Satzes erfüllt sind. Sei $r \in R_{\mathcal{A}}(t)$ eine Berechnung von $\mathcal{A}$ auf t. Mit der vorausgehenden Bemerkung genügt es, den Fall zu betrachten, wo für $1 \leq i \leq k$ und ein $n_i \in \mathbf{N}$ gilt: $(\delta(r, t[a_i, n]), n) \in V_i(t)$ für alle $n \geq n_i$. Sei im folgenden $q_n := \delta(r, t[a_i, n])$ für $n \geq n_i$. Mit der Monotonie der Abbildung Φ_i können wir annehmen, daß $\Phi_i(q_n, n) = \Phi_i(q_{n_i}, n_i)$ für alle $n \geq n_i$ gilt. Weiterhin folgt mit (2iii): $\Phi_i(q_{n_i}, n_i) \notin \{0, 2, \ldots, 2N\} \cup \{2N + 1\}$, und somit gilt wegen Bedingung (2ii) $q_n \notin F_i$, für alle $n \geq n_i$. Damit haben wir gezeigt, daß keine Berechnung von $\mathcal{A}$ auf t akzeptierend ist.

Für die Rückrichtung sei $t \notin L(\mathcal{A})$ mit alphinf$(t) = A$. Sei ω_1 die Menge der abzählbaren Ordinalzahlen. Wir folgen dem Ansatz von Klarlund [Kla91] und definieren zunächst Fortschrittsmaße $\tilde{\Phi}_i$ mit Wertebereich ω_1. Im folgenden verwenden wir für $(q, n) \in U_i(t)$ die Bezeichnung $N_+(q, n)$ für die Menge der echten Nachfolger von (q, n) in $U_i(t) \setminus V_i(t)$, d.h. es sei

$$N_+(q, n) = \{(q', m) \mid m > n, \exists q = q_n, q_{n+1}, \ldots, q_m = q', \; q' \in U_i(t) \setminus V_i(t),$$
$$\text{wobei } (q_k, k) \overset{a_i, t}{\leadsto} (q_{k+1}, k + 1), \; \forall n \leq k < m\}.$$

Der Berechnungsgraph $G_i(t) = (V_i(t), E_i(t))$ wird nun zusammen mit der Abbildung $\tilde{\Phi}_i : U_i(t) \to \omega_1$ mittels transfiniter Induktion definiert. Sei $V_0 = V_i(t) = \emptyset$. Nehmen wir an, die Sequenz $(V_\alpha)_{\alpha < \beta}$ sei für $\alpha < \beta < \omega_1$ bereits definiert, wobei die Knotenmengen $V_\alpha \subseteq U_i(t)$ paarweise disjunkt sind und $V_i(t) = \cup_{\alpha < \beta} V_\alpha$ gilt. Gilt für alle $(q, n) \in U_i(t) \setminus V_i(t)$: $N_+(q, n) \cap (F_i \times \mathbf{N}) \neq \emptyset$, so setzen wir $V_\beta := U_i(t) \setminus V_i(t)$ und $V_\gamma = \emptyset$ für alle $\beta < \gamma < \omega_1$. Ansonsten wählen wir ein $(q, n) \in U_i(t) \setminus V_i(t)$ mit $N_+(q, n) \cap (F_i \times \mathbf{N}) = \emptyset$. Sei nun V_β definiert durch

$$V_\beta := \begin{cases} \{(q, n)\} & \text{falls } N_+(q, n) = \emptyset \\ N_+(q, n) & \text{sonst,} \end{cases}$$

und sei $V_i(t) = V_i(t) \cup V_\beta$.

Damit kann $\tilde{\Phi}_i : U_i(t) \to \omega_1$ definiert werden durch $\tilde{\Phi}_i(q, n) := \beta$, für $(q, n) \in V_\beta$ (beachte, daß die Mengen V_α, $\alpha < \omega_1$, paarweise disjunkt sind).

Das somit definierte Fortschrittsmaß $\tilde{\Phi}_i$ ist offensichtlich schwach monoton fallend bezüglich der Übergangsrelation $\overset{a_i, t}{\leadsto}$. Weiter folgt für alle $(q, n), (q', n+1) \in U_i(t)$ mit $(q, n) \overset{a_i, t}{\leadsto} (q', n + 1)$ unmittelbar aus der Konstruktion:

$$\tilde{\Phi}_i(q, n) = \tilde{\Phi}_i(q', n + 1) \; \Rightarrow \; q' \notin F_i. \tag{5.1}$$

Aus der Konstruktion folgt außerdem die Existenz einer Ordinalzahl $\beta_0 < \omega_1$ mit $U_i(t) \setminus V_i(t) = V_{\beta_0}$ so, daß $\beta_0 = \sqcup\{\alpha < \omega_1 \mid V_\alpha \neq \emptyset\}$. Es gilt nun entweder $V_{\beta_0} = \emptyset$ oder zu jedem $(q_n, n) \in V_{\beta_0}$ existiert ein unendlicher Pfad in

V_{β_0}, $(q_n, n) \overset{a_i,t}{\rightsquigarrow} (q_{n+1}, n+1) \overset{a_i,t}{\rightsquigarrow} \cdots$, der einen Zustand aus F_i unendlich oft wiederholt:

$$|\{m \geq n \mid q_m \in F_i\}| = \infty. \tag{5.2}$$

Schließlich wird, wie in [Kla91], das Fortschrittsmaß $\tilde{\Phi}_i$ zu einem Pseudo-Fortschrittsmaß $\Phi_i : U_i(t) \to \{0, 1, \ldots, 2N+1\}$ abgeschwächt, wodurch ein endlicher Wertebereich entsteht. Für $\alpha < \omega_1$ sei das Prädikat const(α) wahr, wenn ein unendlicher Pfad $(q_n, n) \overset{a_i,t}{\rightsquigarrow} (q_{n+1}, n+1) \overset{a_i,t}{\rightsquigarrow} \cdots$ in $U_i(t)$ derart existiert, daß $\tilde{\Phi}_i(q_m, m) = \alpha$ für alle $m \geq n$ erfüllt ist. Wegen der durch N beschränkten Weite des Berechnungsgraphen $(U_i(t), \overset{a_i,t}{\rightsquigarrow})$ existieren nach dem Prinzip von Dirichlet höchstens N Ordinalzahlen $0 < \alpha_1 < \ldots < \alpha_M < \omega_1$, $M \leq N$, die das Prädikat const(α) = erfüllen.

Mit $\alpha_0 := 0$ und $\alpha_{M+1} := \omega_1$ wird $\Phi_i : U_i(t) \to \{0, 1, \ldots, 2N+1\}$ definiert für $(q, n) \in V_i(t)$ durch:

$$\Phi_i(q, n) = \begin{cases} 2k - 1 & \text{falls } \tilde{\Phi}_i(q, n) = \alpha_k,\ 1 \leq k \leq M \\ 2k & \text{falls } \alpha_k < \tilde{\Phi}_i(q, n) < \alpha_{k+1},\ 0 \leq k \leq M \end{cases}$$

Für $(q, n) \in U_i(t) \setminus V_i(t)$ sei außerdem $\Phi_i(q, n) := 2N + 1$.

Wir zeigen, daß Φ_i Bedingung (2iii) des Satzes erfüllt. Sonst würden ein $n \in \mathbf{N}$, $k \leq M$ und eine Folge $(q_m, m)_{m \geq n} \subseteq U_i(t)$ so existieren, daß $(q_m, m) \overset{a_i,t}{\rightsquigarrow} (q_{m+1}, m+1)$ und $\Phi_i(q_m, m) = \Phi_i(q_n, n) = 2k$ für alle $m \geq n$ gilt. Mit der Monotonie von $\tilde{\Phi}_i$, sowie der Tatsache, daß ω_1 wohlgeordnet ist, gäbe es ein $n' \geq n$ und ein $\alpha_k < \alpha < \alpha_{k+1}$ mit $\tilde{\Phi}_i(q_m, m) = \alpha$, für alle $m \geq n'$. Somit würde const(α) gelten und der Definition der $(\alpha_i)_{1 \leq i \leq M}$ widersprechen.

Mit der Definition von Φ_i folgt schließlich für alle $(q, n), (q', n+1) \in U_i(t)$ mit $(q, n) \overset{a_i,t}{\rightsquigarrow} (q', n+1)$ und $\Phi_i(q, n) = \Phi_i(q', n+1)$:

$$q' \notin F_i \quad \text{oder} \quad \Phi_i(q, n) \in \{0, 2, \ldots, 2N\} \cup \{2N+1\}.$$

Es bleibt nur noch zu zeigen, daß der Zustandsraum, der nicht durch die Fortschrittsmaße $(\Phi_i)_{1 \leq i \leq k}$ erfaßt wird, nicht zu einer Berechnung von $\mathcal{A}$ auf $t \notin L(\mathcal{A})$ synchronisiert werden kann (Bedingung (3)).

Angenommen, für jedes endliche Präfix $t_0 \leq t$ mit $|t_0|_a = |t|_a$ für alle $a \in \bar{A}$, existiert eine Berechnung $r \in R_{\mathcal{A}}(t_0)$ so, daß zugleich $\delta(r, t_0)_a = p_a$ und $(\delta(r, \partial_{a_i}(t_0)), |t_0|_{a_i} - 1) \in U_i(t) \setminus V_i(t)$ für alle $a \in \bar{A}$, $1 \leq i \leq k$ gilt. Sei $t = t_0 t_1 \cdots t_k$, wobei alph$(t_i) = A_i$ für alle $1 \leq i \leq k$. Wir wählen t_0 groß genug so, daß max$(t_0) \cap A = \{a_1, \ldots, a_k\}$ und alph$(\partial_{a_i}(t_0)^{-1} t_i) = A_i$ gelten. Wir können nun die Tatsache verwenden, daß von jedem Knoten aus $U_i(t) \setminus$

$V_i(t) \neq \emptyset$ ein Berechnungspfad ausgeht, auf dem ein Zustand aus F_i unendlich oft wiederholt wird (5.2). Damit existiert für jedes i eine Teilberechnung r_i auf dem zusammenhängenden Suffix t_i, die im globalen Zustand $\delta(r, \partial_{a_i}(t_0))$ startet und p_{a_i} unendlich oft wiederholt. Wir können nun den Widerspruch herleiten, indem wir eine akzeptierende Berechnung r' auf ganz t wie folgt definieren: r' entspricht r auf dem Präfix t_0 bzw. r_i auf dem Suffix t_i, $1 \leq i \leq k$. Offensichtlich gilt $p_a \in \inf_a(r')$, für alle $a \in \bar{A} \cup \{a_1, \ldots, a_k\}$, und somit folgt der Widerspruch $t \in L(\mathcal{A})$. $\qquad\qquad\qquad\qquad\qquad\qquad\qquad\qquad\qquad\qquad\qquad\qquad$ $\square$

Wir können nun einen asynchron-zellulären Büchi Automaten $\mathcal{B}$ so definieren, daß $\mathcal{B}$ die Sprache $(\mathbb{R}(\Sigma, D) \setminus L(\mathcal{A})) \cap \mathrm{Inf}(A)$ erkennt. Dabei sei $\mathcal{A} = ((Q_a)_{a \in \Sigma}, (\delta_a)_{a \in \Sigma}, q_0, \{(p, A, \{a_1, \ldots, a_k\})\})$. Wir folgen weiterhin der Konstruktion von Klarlund und definieren $\mathcal{B}$ so, daß ein geeignetes Pseudo-Fortschrittsmaß geraten wird. Zusätzlich werden hier die Berechnungsgraphen $(G_i(t))_{1 \leq i \leq k}$ geraten. Der Automat für die Komplementsprache basiert auf dem Potenzautomaten, der in Abschnitt 5.1 als $\mathcal{A}_\mu$ mit $\mu = (\nu, \rho)$ konstruiert wurde. Sei im folgenden der Potenzautomat von $((Q_a)_{a \in \Sigma}(\delta_a)_{a \in \Sigma}, q_0)$ durch $\mathcal{A}_\mu = ((\tilde{Q}_a)_{a \in \Sigma}, (\tilde{\delta}_a)_{a \in \Sigma}, \tilde{q}_0)$ bezeichnet (Endzustände werden im folgenden außer acht gelassen). Weiterhin bezeichnen wir mit $[2N + 1]^Q$ die Menge der partiellen Abbildungen $: Q \to \{0, 1, \ldots, 2N + 1\}$, und mit $\mathrm{dom}(f)$ die Definitionsmenge einer partiellen Abbildung $f \in [2N + 1]^Q$.
Wir definieren einen asynchron-zellulären Automaten $\mathcal{B} = ((S_a)_{a \in \Sigma}, (\Delta_a)_{a \in \Sigma}, \mathcal{I}, \mathcal{T})$ (mit mehreren Anfangszuständen) wie folgt. Für die darin verwendete Notation $q \overset{(a)}{\to} q'$, $q, q' \in Q$, sei an den Beweis von Satz 5.1.2 erinnert. Es bedeutet, daß ein $t \in \mathbb{M}(\Sigma, D)$ und eine Berechnung r von $\mathcal{A}$ auf $\partial_a(ta)$ so existieren, daß $q = \delta(r, \partial_a(t))$ und $q' = \delta(r, \partial_a(ta))$.

1. Die lokalen Zustandsmengen sind gegeben durch:

$$S_a = \begin{cases} \tilde{Q}_a & \text{für } a \notin \{a_1, \ldots, a_k\} \\ \tilde{Q}_a \times [2N + 1]^Q \times \mathcal{P}(Q) & \text{sonst} \end{cases}$$

Dabei erfüllt jeder lokale Zustand $(\tilde{q}_a, \alpha_a, A_a) \in S_a$, $a \in \{a_1, \ldots, a_k\}$ die Bedingung

$$\mathrm{dom}(\alpha_a) = \{f(a) \mid f \in R, \text{ wobei } \tilde{q}_a = (N, R) \text{ für ein } N\}.$$

(N bzw. R bezeichnen damit die ν- bzw. ρ-Komponente des lokalen Zustands im Potenzautomaten.)

2. Sei $a \notin \{a_1, \ldots, a_k\}$. Dann gilt $s'_a \in \Delta_a((s_b)_{b \in D(a)})$ genau dann, wenn $s'_a = \tilde{\delta}_a((\tilde{q}_b)_{b \in D(a)})$, mit $s_b = \tilde{q}_b$ oder $s_b \in \{\tilde{q}_b\} \times [2N+1]^Q \times \mathcal{P}(Q)$, für alle $b \in D(a)$.

Für $a = a_i$, $1 \leq i \leq k$, seien $s_a = (\tilde{q}_a, \alpha_a, A_a)$ und $s'_a = (\tilde{q}'_a, \alpha'_a, A'_a)$. Dann gilt $s'_a \in \Delta_a((s_b)_{b \in D(a)})$ genau dann, wenn folgende Bedingungen erfüllt sind.

- Es gilt $\tilde{q}'_a = \tilde{\delta}((\tilde{q}_b)_{b \in D(a)})$, mit $\tilde{q}_b = s_b$ für $b \in D(a) \setminus \{a\}$;

- Für alle $q \in \mathrm{dom}(\alpha_a)$, $q' \in \mathrm{dom}(\alpha'_a)$ mit $q \overset{(a)}{\to} q'$ gilt

  (a) $\alpha_a(q) \geq \alpha'_a(q')$, und

  (b) aus $\alpha_a(q) = \alpha'_a(q')$ folgt

$$q'_a \neq p_a, \quad \text{oder} \quad \alpha_a(q) \in \{0, 2, \ldots, 2N\}, \quad \text{oder} \quad \alpha_a(q) = 2N + 1.$$

- Es gilt $A'_a = \mathrm{dom}(\alpha'_a)$, falls $A_a = \emptyset$. Ist $A_a \neq \emptyset$, so sei

$$A'_a = \{q' \in \mathrm{dom}(\alpha'_a) \mid \exists q \in \mathrm{dom}(\alpha_a) \cap A_a \text{ mit } q \overset{(a)}{\to} q' \text{ und } \alpha_a(q) = \alpha'_a(q') \in \{0, 2, \ldots, 2N\}\}.$$

3. Die Tafel $\mathcal{T}$ sei gegeben durch $(z, A, \{a_1, \ldots, a_k\}) \in \mathcal{T}$, wenn für ein $u \in \mathbb{M}(\Sigma, D)$ mit $\tilde{q}_a = (\nu(\partial_a(u)), \rho(\partial_a(u)))$, $a \in \Sigma$ und Abbildungen $\alpha_a \in [2N+1]^Q$, $a \in \{a_1, \ldots, a_k\}$, gilt:

  (a) $z_a = (\tilde{q}_a, \alpha_a, \emptyset)$, für alle $a \in \{a_1, \ldots, a_k\}$, bzw. $z_a = \tilde{q}_a$, sonst.

  (b) Sei $B = \bar{A} \cup \{a_1, \ldots, a_k\}$. Dann erfüllt jedes $f \in \rho(\partial_B(u))$

   - entweder $f(a)_a \neq p_a$, für ein $a \in \bar{A}$,
   - oder $\alpha_a(f(a)) \neq 2N + 1$, für ein $a \in \{a_1, \ldots, a_k\}$.

4. Die lokalen Komponenten eines Anfangzustands $s_0 \in \mathcal{I}$ sind durch $(s_0)_a = (\tilde{q}_0)_a$ bzw. $(s_0)_a = ((\tilde{q}_0)_a, \alpha_a, \emptyset)$ gegeben, mit $\alpha_a \in [2N+1]^Q$.

Satz 5.2.2 *Es gilt:* $L(\mathcal{B}) = (\mathbb{R}(\Sigma, D) \setminus L(\mathcal{A})) \cap \mathrm{Inf}(A)$.

Beweis: Wir nehmen zunächst an, daß $\mathrm{alphinf}(t) = A$ und $t \notin L(\mathcal{A})$ gelten. Mit Satz 5.2.1 erhalten wir Berechnungsgraphen $(G_i(t))_{1 \leq i \leq k}$ und Pseudo-Fortschrittsmaße $(\Phi_i)_{1 \leq i \leq k}$, die die drei Bedingungen des Satzes erfüllen. Eine Berechnung r von $\mathcal{B}$ auf t kann unmittelbar erklärt werden, mit $((\tilde{Q}_a)_{a \in \Sigma}, (\tilde{\delta}_a)_{a \in \Sigma}, \tilde{q}_0)$ als Potenzautomat zu $\mathcal{A}$:

1. Für $a \notin \{a_1, \ldots, a_k\}$ und $n < |t|_a$, sei $r(a, n) = \tilde{\delta}(\tilde{q}_0, t[a, n])_a$.

2. Für $a = a_i$, $1 \leq i \leq k$, und $n \geq 0$, sei $r(a, n) = (\tilde{q}_a, \alpha_a, A_a)$, wobei

   - $\tilde{q}_a = \tilde{\delta}(\tilde{q}_0, t[a, n])_a$.
   - Mit $\tilde{q}_a = (N, R)$ sei $\text{dom}(\alpha_a) = \{f(a) \in Q \mid f \in R\}$.
   - Für alle $q \in \text{dom}(\alpha_a)$ sei $\alpha_a(q) = \Phi_i(q, n)$.

Schließlich wird die Komponente A_a deterministisch berechnet.
Mit Bedingung (2iii) aus Satz 5.2.1 existiert für jedes $a \in \{a_1, \ldots, a_k\}$ ein
lokaler Zustand $\tilde{p}_a \in \tilde{Q}_a$ und eine Abbildung α_a so, daß $(\tilde{p}_a, \alpha_a, \emptyset)$ unendlich
oft vorkommt. Wäre dies für ein $a = a_i$ nicht der Fall, so würde ein $n_a \in \mathbf{N}$
existieren so, daß für $r(a, n) = ((\tilde{q}_n)_a, \alpha_{n,a}, A_{n,a})$ gilt: $A_{n,a} \neq \emptyset$, für alle $n \geq n_a$.
Damit kann ein unendlicher Untergraph von $V_i(t)$ definiert werden, mit Knoten
(q, n), wobei $q \in A_{n,a} \subseteq Q$, $n \geq n_a$, und Kanten von (q, n) zu $(q', n+1)$ falls gilt:
$q \overset{(a)}{\to} q'$, sowie $\alpha_a(q) = \alpha'_a(q') \in \{0, 2, \ldots, 2N\}$. Dieser unendliche Graph hat
einen beschränkten Verzweigungsgrad und mit dem Lemma von König existiert
ein unendlicher Pfad $(q_{n_a}, n_a), (q_{n_a+1}, n_a + 1), \ldots$ mit konstantem Φ_i-Wert aus
$\{0, 2, \ldots, 2N\}$, womit ein Widerspruch zu den Voraussetzungen entsteht.
Für $a \in \bar{A}$ sei $\tilde{p}_a \in \tilde{Q}_a$ mit $\inf_a(r) = \{\tilde{p}_a\}$. Es sei auch an die Bezeichnung
$B = \bar{A} \cup \{a_1, \ldots, a_k\}$ erinnert. Sei $t = \sqcup_{n \geq 0} t_n$, mit $\Delta(s_0, t_n)_a = \tilde{p}_a$ für $a \in \bar{A}$,
und $\Delta(s_0, t_n)_a = (\tilde{p}_a, \alpha_a, \emptyset)$, für $a \in \{a_1, \ldots, a_k\}$. Weiter soll $\max(t_n) \subseteq B$,
$n \geq 1$, erfüllt sein. Sei $u = \partial_B(u) \in \mathbf{M}(\Sigma, D)$ so, daß ohne Einschränkung
$\rho(\partial_B(t_n)) = \rho(u)$ für alle $n \geq 1$ gilt. Die Bedingung (3) des Satzes 5.2.1 sichert
nun zu, daß keine Abbildung $f \in \rho(u)$ existiert so, daß sowohl $f(a)_a = p_a$ als
auch $\alpha_a(f(a)) = 2N + 1$, für alle $a \in \bar{A}$ bzw. $a \in \{a_1, \ldots, a_k\}$ gilt. Damit ist r
eine akzeptierende Berechnung von $\mathcal{B}$ auf t.
Für die Rückrichtung sei r eine Berechnung von $\mathcal{B}$, die t mit $(z, A, \{a_1, \ldots, a_k\})$
$\in \mathcal{T}$ akzeptiert. Damit gilt zunächst $\text{alphinf}(t) = A$. Erneut gibt es eine kanonische Beziehung zwischen der Berechnung und den Berechnungsgraphen,
zusammen mit den darauf definierten Pseudo-Fortschrittsmaßen. Für $a = a_i$
mit $(\tilde{q}_a, \alpha_a, A_a) := \Delta(r, t[a, n])_a$, sei $(q, n) \in V_i(t)$ genau dann, wenn $\alpha_a(q) \in$
$\{0, 1, \ldots, 2N\}$. Für $q \in \text{dom}(\alpha_a)$ sei $\Phi_i(q, n) := \alpha_a(q)$.
Mit $z_a \in \tilde{Q}_a \times [2N + 1]^Q \times \{\emptyset\}$ ist es leicht zu sehen, daß Bedingung (2iii) aus
Satz 5.2.1 erfüllt ist. Schließlich sei $t_0 \in \mathbf{M}(\Sigma, D)$ ein Präfix von t, $t_0 < t$, mit
$\Delta(r, t_0)_a = z_a$ für alle $a \in B$ und $|t_0|_a = |t|_a$ für alle $a \in \bar{A}$. Mit der Definition
der Tafel ist auch die Synchronisationsbedingung (3) aus Satz 5.2.1 unmittelbar
erfüllt. $\hfill\square$

Abschließend können wir das Ergebnis dieses Abschnitts im folgenden Satz zusammenfassen:

Theorem 5.2.3 *Sei $\mathcal{A} = ((Q_a)_{a\in\Sigma}, (\delta_a)_{a\in\Sigma}, q_0, \mathcal{T})$ ein (nichtdeterministischer) asynchron-zellulärer Büchi Automat mit Tafel $\mathcal{T} \subseteq (\prod_{a\in\Sigma} Q_a) \times \mathcal{P}(\Sigma) \times \mathcal{P}(\Sigma)$. Sei N die Anzahl der globalen Zuständen.*

Dann kann ein asynchron-zellulärer Büchi Automat $\mathcal{B} = ((S_a)_{a\in\Sigma}, (\Delta_a)_{a\in\Sigma}, s_0, \mathcal{T}')$ (mit Tafel $\mathcal{T}' \subseteq (\prod_{a\in\Sigma} S_a) \times \mathcal{P}(\Sigma) \times \mathcal{P}(\Sigma))$ effektiv angegeben werden so, daß $L(\mathcal{B}) = \mathbb{R}(\Sigma, D) \setminus L(\mathcal{A})$ gilt. Der Automat für die Komplementsprache, $\mathcal{B}$, hat $2^{O(N^{|\Sigma|})}$ globale Zustände (für $|\Sigma| \geq 2$).

Bemerkung Mit der in Abschnitt 5.1 erwähnten Determinisierungskonstruktion für asynchrone Automaten läßt sich auch die Komplementierungskonstruktion für das asynchrone Modell durchführen. Die Größe der resultierenden Automaten verhält sich wie im asynchron-zellulären Fall.

Abschließend wollen wir noch anmerken, daß eine einfache Konstruktion für den Fall existiert, daß man lediglich einen sequentiellen Automaten für die Komplementsprache benötigt, der jedoch die I-Diamant Eigenschaft erfüllt. Es handelt sich um die Konstruktion von Pécuchet [Péc86], die auf erkennenden Homomorphismen basiert und einen Automaten mit $2^{O(N^2)}$ Zustände ergibt.

Kapitel 6

Sternfreie und aperiodische reelle Spursprachen

Im Rahmen der Untersuchung erkennbarer Sprachen entsteht durch die Einschränkung auf rationale Ausdrücke, die keine Iteration enthalten dürfen und dafür die Komplement-Operation erlauben, eine besonders interessante Sprachfamilie. Die sternfreien Sprachen wurden auf vielfache Art charakterisiert, u.a. im Kontext des freien Monoids Σ^* und der ω-Sprachen. Vom algebraischen Standpunkt aus ist Sternfreiheit äquivalent zu einer fundamentalen Varietät von Monoiden, der aperiodischen (d.h., gruppenfreien) Monoide. Das bekannte Theorem von Schützenberger über die Äquivalenz von Sternfreiheit und Aperiodizität im freien Monoid [Sch65] ist eines der klassischen Ergebnisse der Varietätentheorie. Die Erweiterung zu ω-Sprachen ist ein Ergebnis von D. Perrin [Per84]. Die Verallgemeinerung für freie, partiell kommutative Monoide wurde in [GRS91] erzielt.

Sternfreie Sprachen lassen sich auch über die Logik charakterisieren, wenn die Quantifizierung auf die Variablen erster Stufe eingeschränkt wird. Für Sprachen reeller Spuren entspricht dann die Logik erster Stufe genau den sternfreien Mengen, während die monadische Logik zweiter Stufe die gesamte Familie der erkennbaren reellen Spursprachen erfaßt [EM]. Diese Ergebnisse verallgemeinern die Situation, die für Sprachen endlicher und unendlicher Wörter bekannt war [MP71, Tho79, PP86]. Für ω-Sprachen wurde außerdem auch temporale Aussagenlogik für lineare Zeit eingehend untersucht, die sich als äquivalent zur Logik erster Stufe erweist.

Wir wollen in diesem Kapitel den Zusammenhang zwischen Sternfreiheit und Aperiodizität betrachten und verweisen auf die Charakterisierung im Rahmen der Logik in [Tho90b, TZ90, EM].

Im folgenden bezeichnen wir mit SF(M) die Familie der sternfreien Sprachen endlicher Spuren, d.h., SF(M) ist die kleinste Familie von Sprachen aus $M(\Sigma, D)$, die die leere Menge $\emptyset$, sowie die einelementigen Mengen $\{a\}$, $a \in \Sigma$, enthält, und unter Konkatenation und Booleschen Operationen abgeschlossen ist [GRS91]. Analog definieren wir:

Definition 6.0.4 *Die Familie der sternfreien reellen Spursprachen SF($\mathbb{R}$) ist die kleinste Familie $\mathcal{F} \subseteq \mathcal{P}(\mathbb{R}(\Sigma, \mathcal{D}))$ mit den Eigenschaften:*

1. *$SF(M) \subseteq \mathcal{F}$.*

2. *Für alle $L, K \in \mathcal{F}$ mit $L \subseteq M(\Sigma, D)$ gilt $LK \in \mathcal{F}$.*

3. *$\mathcal{F}$ ist abgeschlossen unter den Booleschen Operationen, d.h., unter Vereinigung $\cup$, Durchschnitt $\cap$ und Komplement, wobei die Komplementbildung bzgl. $\mathbb{R}(\Sigma, D)$ durchgeführt wird.*

Bemerkung Man beachte, daß für $L \in$ SF($\mathbb{R}$), $L \subseteq M(\Sigma, D)$, das Komplement bzgl. $M(\Sigma, D)$ durch $(\mathbb{R}(\Sigma, D) \setminus L) \cap M(\Sigma, D)$ gegeben ist.

Ein Monoid S heißt *aperiodisch*, wenn es für ein $n > 0$ die Gleichung $x^n = x^{n+1}$ erfüllt. Diese Gleichung charakterisiert genau die Monoide, die nur triviale Untergruppen enthalten.

Definition 6.0.5 *Eine Sprache $L \in \mathbb{R}(\Sigma, D)$ heißt aperiodisch, wenn ein endliches, aperiodisches Monoid S und ein Homomorphismus $\eta : M(\Sigma, D) \to S$ existieren so, daß L von η erkannt wird.*
Die Familie der aperiodischen reellen Spursprachen wird mit AP($\mathbb{R}$) bezeichnet.

Bemerkung Wir erhalten eine äquivalente Definition, wenn wir fordern, daß das syntaktische Monoid Synt(L) endlich und aperiodisch ist, sowie L vom kanonischen Homomorphismus $\eta : M(\Sigma, D) \to$ Synt(L) erkannt wird.

Zusätzlich zu den Notationen des Abschnitts 3.1 werden wir im folgenden für ein endliches Monoid S, einen Homomorphismus $\eta : \Sigma^* \to S$ und für $s \in S$ folgende Bezeichnungen verwenden:

$$X_s = \eta^{-1}(s), \qquad P_s = X_s \setminus X_s \Sigma^+.$$

Damit enthält P_s alle endlichen Wörter, die durch η auf s abgebildet werden, aber kein echtes Präfix mit dieser Eigenschaft besitzt.
Weiterhin bezeichnen wir mit SF(Σ^∞) bzw. AP(Σ^∞) (analog SF(Σ^*), AP(Σ^*)) die Familie der sternfreien bzw. aperiodischen Sprachen aus Σ^∞ (analog für

endliche Wörter). Für den folgenden Satz setzen wir für jeden Homomorphismus $\eta : \mathbf{M}(\Sigma, D) \to S$ voraus, daß mit $\eta(t) = \eta(t')$ auch $\mathrm{alph}(t) = \mathrm{alph}(t')$ für alle t, t' folgt (vgl. Abschnitt 3.1). Man beachte auch, daß mit der Modifikation in 3.1 die Aperiodizität des Monoides S weiterhin besteht.

Theorem 6.0.6 *Sei $L \in \mathrm{Rec}(\mathbb{R})$ eine erkennbare reelle Spursprache. Folgende Aussagen sind äquivalent:*

1. *$L \in SF(\mathbb{R})$.*

2. *$L \in AP(\mathbb{R})$.*

3. *$\mathrm{Synt}(L)$ ist aperiodisch und der syntaktische Homomorphismus erkennt L.*

4. *L läßt sich als endliche Vereinigung von Sprachen KN^ω darstellen, wobei $K, N^+ \in SF(\mathbf{M})$.*

5. *L ist eine Boolesche Kombination von Sprachen der Form $\overrightarrow{K} \cap \mathbb{R}_A$, wobei $K \in SF(\mathbf{M})$ und $A \subseteq \Sigma$.*

Beweis: Die Äquivalenz von 2. und 3. ist eine Konsequenz der Tatsache, daß die syntaktische Kongruenz einer Sprache $L \subseteq \mathrm{Rec}(\mathbb{R})$ die gröbste Kongruenz ist mit der Eigenschaft, daß der zugehörige Homomorphismus L erkennt [Gas91].

$(2 \Rightarrow 4)$: Diese Implikation folgt unmittelbar aus der Darstellung einer erkennbaren reellen Spursprache als endliche Vereinigung von Sprachen der Form $\mathbf{M}_s\mathbf{M}_e^\omega$, zusammen mit der Äquivalenz zwischen $AP(\mathbf{M})$ und $SF(\mathbf{M})$ [GRS91].

$(5 \Rightarrow 1)$: Sei $\eta : \mathbf{M}(\Sigma, D) \to S$ ein Homomorphismus zu einem endlichen, aperiodischen Monoiden S, der $K \in SF(\mathbf{M})$ erkennt. Das Komplement von $\overrightarrow{K}$ kann nun folgendermaßen dargestellt werden (vgl. [Per84]):

$$\mathbb{R}(\Sigma, D) \setminus \overrightarrow{K} = \bigcup_{x \in S} \left(\mathbf{M}_x \left(\mathbb{R}(\Sigma, D) \setminus \bigcup_{y \text{ mit } xy \in \eta(K)} \mathbf{M}_y\, \mathbb{R}(\Sigma, D) \right) \right) .$$

Denn $t \in \mathbb{R}(\Sigma, D) \setminus \overrightarrow{K}$ ist äquivalent zur Existenz eines endlichen Präfixes $u \leq t$ von t derart, daß für alle $uu' \leq t$ mit $u' \in \mathbf{M}(\Sigma, D)$ folgt: $uu' \notin K$. Mit $SF(\mathbf{M}) = AP(\mathbf{M})$ und $\mathbb{R}_A \in SF(\mathbb{R})$, $A \subseteq \Sigma$, folgt anschließend die Behauptung.

$(1 \Rightarrow 2)$: Für diese Implikation genügt es zu zeigen, daß aus $L \in SF(\mathbb{R})$ die Sternfreiheit von $\varphi^{-1}(L) \subseteq \Sigma^\infty$ folgt. Dies liegt darin begründet, daß $SF(\Sigma^\infty)$

und $\mathrm{AP}(\Sigma^\infty)$ äquivalent sind, zusammen mit der Tatsache, daß L und $\varphi^{-1}(L)$ dasselbe syntaktische Monoid besitzen.

Im folgenden führen wir Induktion über den sternfreien Ausdruck, der L darstellt. Sei zunächst $L \in \mathrm{SF}(\mathbb{M})$. Mit $\mathrm{SF}(\mathbb{M}) = \mathrm{AP}(\mathbb{M})$ folgt direkt $\varphi^{-1}(L) \in \mathrm{SF}(\Sigma^*) = \mathrm{AP}(\Sigma^*)$.

Sei L von der Form $L_1 \cup L_2$, $L_1 \cap L_2$, oder $\mathbb{R}(\Sigma, D) \setminus L_1$, mit $\varphi^{-1}(L_1), \varphi^{-1}(L_2) \in \mathrm{SF}(\Sigma^\infty)$. Damit folgt ebenfalls $\varphi^{-1}(L) \in \mathrm{SF}(\Sigma^\infty)$, aufgrund der Vertauschbarkeit von φ^{-1} mit den Booleschen Operationen.

Schließlich sei $L = L_1 L_2$. Im folgenden bezeichnen wir mit L_1', L_2' die Sprachen $L_1' = \varphi^{-1}(L_1) \in \mathrm{SF}(\Sigma^*)$, bzw. $L_2' = \varphi^{-1}(L_2) \in \mathrm{SF}(\Sigma^\infty)$. Weiterhin sei $\sqcup_I$ die I-Shuffle Operation, die für $K_1, K_2 \subseteq \Sigma^\infty$ definiert ist durch

$$K_1 \sqcup_I K_2 \; = \; \{\, u_0 v_0 u_1 v_1 \ldots \mid u_n, v_n \in \Sigma^*,\ u_0 u_1 \ldots \in K_1,\ v_0 v_1 \ldots \in K_2$$
$$\text{und } \mathrm{alph}(v_n) \times \mathrm{alph}(u_m) \subseteq I,\ \text{für } n < m \,\}.$$

Insbesondere gilt hier wegen $L_1' \subseteq \Sigma^*$:

$$L_1' \sqcup_I L_2' = \{\, u_0 v_0 \cdots u_n w \mid u_k, v_k \in \Sigma^*,\ w \in \Sigma^\infty,\ u_0 u_1 \cdots u_n \in L_1',$$
$$v_0 v_1 \cdots v_{n-1} w \in L_2' \text{ und } \mathrm{alph}(v_i) \times \mathrm{alph}(u_k) \subseteq I,\ \text{für } i < k \leq n \,\}.$$

Es sei nun S ein endliches Monoid und $\eta : \Sigma^* \to S$ ein Homomorphismus, der ohne Einschränkung L_1' und L_2' beide erkennt (für $L_2' \subseteq \Sigma^\infty$ bedeutet dies die übliche Erkennung für $L_2' \cap \Sigma^*$ bzw. $L_2' \cap \Sigma^\omega$). Aufgrund der Äquivalenz $\mathrm{SF}(\Sigma^\infty) = \mathrm{AP}(\Sigma^\infty)$ können wir voraussetzen, daß S aperiodisch ist.

Wir bezeichnen im folgenden mit $P \subseteq S \times S$ die Menge $P = \{\, (s, e) \in S \times S \mid se = s,\ e^2 = e,\ X_s X_e^\omega \cap L_2' \neq \emptyset \,\}$. Mit der Voraussetzung über η gilt $X_1 = \eta^{-1}(1) = \{1\}$, wobei mit 1 die Identität in S (bzw. das leere Wort) bezeichnet wird. Wegen $X_1^\omega = \{1\}$ ist $(s, 1) \in P$ gleichbedeutend mit $X_s \cap L_2' \neq \emptyset$, und damit $\emptyset \neq X_s \subseteq L_2'$. Damit kann $L_2' \subseteq \Sigma^\infty$ dargestellt werden als $L_2' = \bigcup_{(s,e) \in P} X_s X_e^\omega$. Für L_1' gilt natürlich $L_1' = \eta^{-1}\eta(L_1')$. Wir können nun $\varphi^{-1}(L) = L_1' \sqcup_I L_2'$ mit folgendem Ausdruck beschreiben:

$$L_1' \sqcup_I L_2' = \bigcup_{r \in \eta(L_1')} \; \bigcup_{(s,e) \in P} (X_r \sqcup_I X_s) X_e^\omega \; .$$

Die Wortsprachen L_i', $i = 1, 2$, sind aber abgeschlossen, d.h., es gilt $\varphi^{-1}\varphi(L_i') = L_i'$. Damit sind für $r, s \in S$, X_r bzw. X_s ebenfalls abgeschlossen. Aus [GRS91] folgt unmittelbar die Sternfreiheit des I-Shuffle zweier sternfreien, abgeschlossenen Wortsprachen, und damit gilt $X_r \sqcup_I X_s \in \mathrm{SF}(\Sigma^*)$. Weiterhin ist $e \in S$ idempotent in S, und es ist bekannt, daß $X_e^\omega = \overrightarrow{X_e \mathbb{P}_e} \in \mathrm{SF}(\Sigma^\infty)$ ebenfalls sternfrei ist [Per84] (vgl. auch Korollar 3.2.2). Zusammen mit der obigen Darstellung für $\varphi^{-1}(L)$ folgt die Behauptung.

$(4 \Rightarrow 1)$: Es genügt zu zeigen, daß N^ω sternfrei ist, wobei $N \in \mathrm{SF}(\mathbf{M})$ und ohne Einschränkung $N = N^+$ gilt. Sei S ein endliches, aperiodisches Monoid und $\eta : \mathbf{M}(\Sigma, D) \to S$ ein Homomorphismus, der N erkennt. Für $s \in S$ bezeichnen wir mit $N_s \subseteq N$ die Teilmenge $N \cap \eta^{-1}(s)$. Mit $N^+ = N$ und dem Satz von Ramsey kann N^ω als $N^\omega = \bigcup_{(s,e) \in P} N_s N_e^\omega$ dargestellt werden, wobei $P = \{(s,e) \in S^2 \mid s, e \in \eta(N),\ se = s,\ e \in E(S)\}$. Damit können wir uns auf N_e^ω mit $e \in E(S)$ einschränken. Sei $N_e' = N_e \setminus N_e \mathbf{M}_+$ die Teilmenge von N_e, deren Elemente kein echtes Präfix in N_e besitzen. Mit der Implikation $(5 \Rightarrow 1)$ genügt es nun zu zeigen:

$$N_e^\omega = \overrightarrow{N_e N_e'} \cap \mathbb{R}_e\,.$$

Die Inklusion der linken in der rechten Seite ist leicht zu sehen. Für die umgekehrte Inklusion können wir mit zwei Folgen $(t_n)_{n \geq 0} \subseteq N_e$ bzw. $(w_n)_{n \geq 0} \subseteq N_e'$, wobei $\bigsqcup \{ t_n w_n \mid n \geq 0 \} =: x$ existiert, Korollar 3.1.10 anwenden. Damit existieren Folgen von Spuren $(s_n)_{n \geq 0}$, $(u_n)_{n \geq 0} \subseteq \mathbf{M}(\Sigma, D)$ mit:

$$t_n = s_0 u_0 \cdots s_{n-1} u_{n-1} s_n \qquad \text{und} \qquad w_n = u_n\,,$$

(eventuell unter Verwendung einer Unterfolge von Indizes für t_n, w_n). Mit der üblichen Zusammenfassung konsekutiver Faktoren läßt sich eine Indexfolge $(n_i)_{i \geq 0}$ so bestimmen, daß für geeignete $r \in S$, $f \in E(S)$ mit $rf = r$ gilt: $\eta(s_0 u_0 \cdots s_{n_0}) = r$ und $\eta(u_{n_i} s_{n_i+1} \cdots s_{n_{i+1}}) = f$, für alle $i \geq 0$. Es folgt $r = e$, daher auch $ef = e$. Andererseits gilt $f = \eta(u_n) q = eq$ für ein $q \in S$, damit auch $ef = f$, wegen $e \in E(S)$. Es folgt abschließend $e = f$ und $x \in N_e^\omega$.

$(2 \Rightarrow 5)$: Folgt direkt mit Theorem 3.2.3, zusammen mit der Äquivalenz zwischen Sternfreiheit und Aperiodizität in $\mathbf{M}(\Sigma, D)$. $\qquad\square$

Kapitel 7

I-Diamant Automaten

In den bisherigen Betrachtungen haben wir uns auf Automaten mit verteilter Kontrolle konzentriert, die die nebenläufige Ausführung unabhängiger Aktionen erlauben. Wenn man hingegen den klassischen Ansatz der M-Automaten [Eil74] für das Monoid der endlichen Spuren $M = \mathbb{M}(\Sigma, D)$ verfolgt, so werden deterministische Automaten $\mathcal{A} = (Q, \Sigma, \delta, q_0, F)$ mit I-Diamant Eigenschaft betrachtet (siehe Abb. 7.1). Mit der I-Diamant Eigenschaft wird Nebenläufigkeit

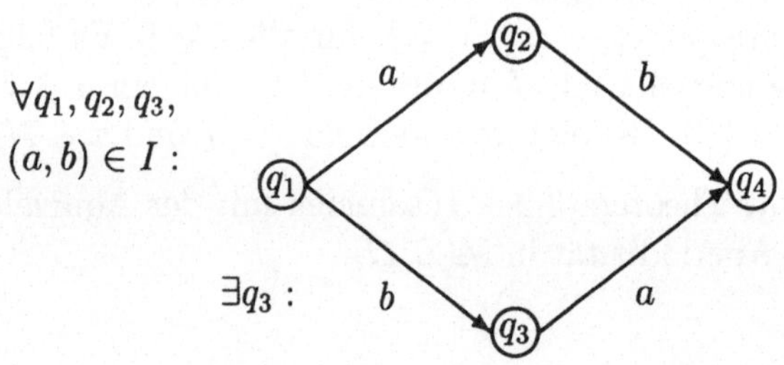

Abbildung 7.1: I-Diamant Eigenschaft

in Form von Interleaving ausgedrückt, indem alle sequentiellen Ausführungen einer Spur dasselbe Übergangsverhalten im Automaten zeigen.

Im folgenden bezeichnet $[L]$ den Abschluß einer Wortsprache $L \subseteq \Sigma^\infty$ bzgl. dem Abhängigkeitsalphabet (Σ, D), d.h., es sei $[L] = \varphi^{-1}\varphi(L)$, wobei $\varphi : \Sigma^\infty \to \mathbb{R}(\Sigma, D)$ die kanonische Abbildung ist. Eine Sprache $L \subseteq \Sigma^\infty$ wurde abgeschlossen genannt, wenn $L = [L]$ gilt.

Während I-Diamant Automaten nur abgeschlossene Sprachen aus Σ^* erkennen, ist dies im Falle der ω-Sprachen für I-Diamant Muller bzw. Büchi Automaten nicht mehr automatisch gewährleistet. Darin liegt ein wesentlicher Nachteil dieses Automatenmodells und der Grund dafür, die asynchronen Automaten mit lokaler Akzeptanz für die Charakterisierung erkennbarer reeller Spursprachen vorzuziehen. Von der Ausdrucksstärke her sind aber I-Diamant Muller bzw. Büchi Automaten mächtig genug, um erkennbare reelle Spursprachen (d.h., abgeschlossene reguläre ω-Sprachen) zu erkennen. Dies ist eine Konsequenz der ersten Charakterisierung von $\mathrm{Rec}(\mathbb{R})$ durch nichtdeterministische, asynchrone Büchi Automaten [GP92] bzw. der Ergebnisse aus Kapitel 3. Genauer folgt aus der Charakterisierung mittels asynchroner Büchi Automaten, daß jede erkennbare reelle Spursprache mit einem nichtdeterministischen I-Diamant Automaten mit erweiterter Büchi Bedingung akzeptiert werden kann. Die Mächtigkeit von I-Diamant Automaten führt daher zu der natürlichen Frage nach der Abgeschlossenheit der akzeptierten Sprache aus Σ^ω.

7.1 Deterministische I-Diamant Muller Automaten

In diesem Abschnitt zeigen wir, daß eine natürliche Einschränkung der I-Diamant Muller Automaten existiert, die die regulären abgeschlossenen ω-Sprachen charakterisiert. Im gesamten Abschnitt betrachten wir durchgehend deterministische Muller Automaten, daher werden wir gelegentlich den Zusatz "deterministisch" weglassen.
Aus dem folgenden einfachen Beispiel wird ersichtlich, daß die I-Diamant Eigenschaft nicht die Abgeschlossenheit der von Muller Automaten akzeptierten Sprachen garantiert.

Beispiel 7.1.1 Sei $(\Sigma, D) = a - c - b$ und betrachte den Automaten $\mathcal{A}$ aus Abb. 7.2. Sei 1 der Anfangszustand und die Tafel $\mathcal{T} = \{T\}$ sei gegeben durch $T = \{1, 2, 3, 4\}$. Der Automat $\mathcal{A}$ ist I-Diamant, aber $L(\mathcal{A})$ ist nicht abgeschlossen: es gilt beispielsweise $(abcbac)^\omega \in L(\mathcal{A})$, aber $(abc)^\omega \notin L(\mathcal{A})$.

Das nächste Beispiel, angegeben von K. Reinhardt, zeigt eine weitere negative Eigenschaft von I-Diamant Muller Automaten. Das Beispiel zeigt, daß der Abschluß $[L(\mathcal{A})]$ der von einem I-Diamant Muller Automaten $\mathcal{A}$ akzeptierten Sprache im allgemeinen nicht erkennbar bleibt. Dieses Verhalten verdeutlicht einen wesentlichen Unterschied zu I-Diamant Büchi Automaten. Für Büchi Automaten läßt sich $L = L(\mathcal{A})$ als endliche Vereinigung von Sprachen KN^ω darstellen, mit $K, N = N^+ \subseteq \Sigma^*$ regulär und abgeschlossen. Damit kann $\varphi(L) \subseteq \mathbb{R}(\Sigma, D)$ dargestellt werden als $\varphi(L) = \bigcup_{\text{fin}} \varphi(K)\varphi(N)^\omega$, mit

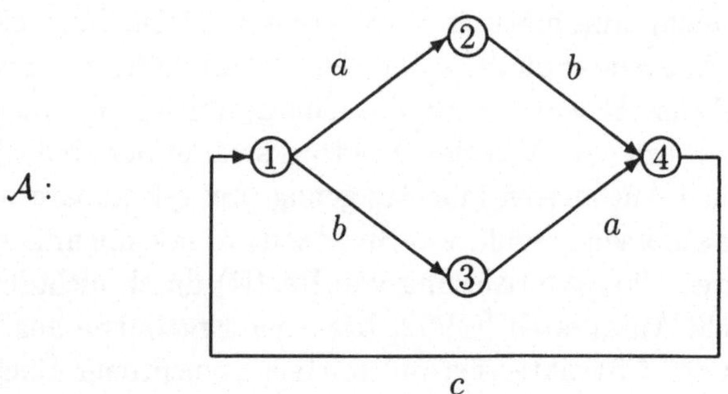

Abbildung 7.2: $L(\mathcal{A}) \neq [L(\mathcal{A})]$

$\varphi(K), \varphi(N) = \varphi(N)^+ \subseteq \mathbb{M}(\Sigma, D)$ erkennbare Spursprachen. Mit den Abschlußeigenschaften der Klasse $\mathrm{Rec}(\mathbb{R})$ ist damit $\varphi(L)$ eine erkennbare reelle Spursprache und es folgt, daß $[L(\mathcal{A})] = \varphi^{-1}\varphi(L)$ eine erkennbare ω-Sprache ist.

Beispiel 7.1.2 Sei weiterhin $(\Sigma, D) = a{-}c{-}b$ und betrachte den Automaten $\mathcal{A}$ aus Abb. 7.3.

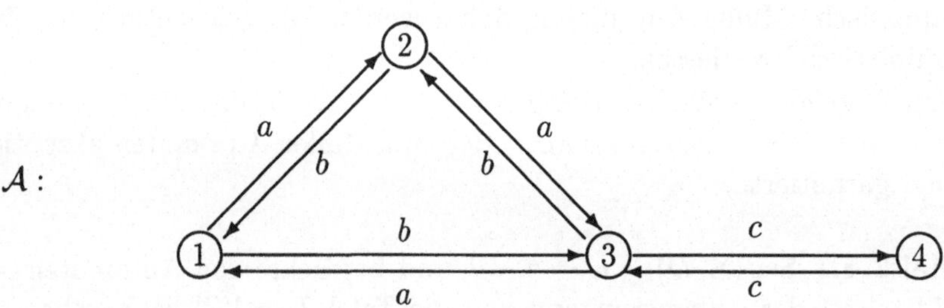

Abbildung 7.3: $\mathcal{T} = \{T\}$ mit $T = \{2, 3, 4\}$, Anfangszustand $q_0 = 3$.

Es gilt $L(\mathcal{A}) \subseteq \{a, b, c\}^*((ba)^*cc)^\omega$. Offensichtlich ist $L(\mathcal{A})$ nicht abgeschlossen und der Abschluß $[L(\mathcal{A})]$ ist nicht erkennbar, denn es gilt $w \in [L(\mathcal{A})] \cap \{a, b, c\}^*(\{a, b\}^+cc)^\omega$ genau dann, wenn $u \in \{a, b, c\}^*$, $(u_n)_{n \geq 0} \subseteq \{a, b\}^+$ existieren mit $|u_n|_a = |u_n|_b$, für alle $n \geq 0$, und $w = u\,u_0u_1\dots$.

Aus den bisherigen Beispielen ist es ersichtlich, daß eine Einschränkung der Tafeln notwendig ist, um sicherzustellen, daß die akzeptierten Sprachen abgeschlossen sind. Wir geben eine solche Einschränkung nur für reduzierte Tafeln, wie unten beschrieben. Zuvor vereinbaren wir folgende Notation für einen (deterministischen) Automaten $\mathcal{A} = (Q, \Sigma, \delta, q_0, \mathcal{T})$ und $u \in \Sigma^\omega$: mit $\inf(q, u)$ bezeichnen wir die Menge der Zustände, die auf dem Übergangspfad, der mit u beschriftet ist und in Zustand q startet, unendlich oft vorkommen. Eine Tafel $\mathcal{T} \subseteq \mathcal{P}(Q)$ heißt *reduziert*, wenn für jedes $T \in \mathcal{T}$ ein Wort $u \in \Sigma^\omega$ mit $T = \inf(q_0, u)$ existiert.

Für die Einschränkung der Tafeln benötigen wir noch folgende

Definition 7.1.3 *Sei $\mathcal{A} = (Q, \Sigma, \delta, q_0, \mathcal{T})$ ein Muller Automat.*

1. *Für $q \in Q$ und $v \in \Sigma^*$ sei $\tau(q, v) = \{\, \delta(q, u) \mid u \leq v \,\}$ die Menge der Zustände, die auf dem Übergangspfad vorkommen, der mit v beschriftet ist und im Zustand q startet.*

2. *Eine Tafel $\mathcal{T} \subseteq \mathcal{P}(Q)$ heißt abgeschlossen, wenn für alle $T \in \mathcal{T}, q \in T$ und $v \in \Sigma^*$ mit $\delta(q, v) = q$ und $T = \tau(q, v)$ gilt:*

$$\forall w \in \Sigma^* : \varphi(w) = \varphi(v) \quad \Rightarrow \quad \tau(q, w) \in \mathcal{T}.$$

Die Aussage des folgenden Satzes findet man in ähnlicher Form in [GP91], jedoch ohne eine algorithmische Behandlung des Abgeschlossenheitsproblems.

Satz 7.1.4 *Sei $\mathcal{A} = (Q, \Sigma, \delta, q_0, \mathcal{T})$ ein deterministischer I-Diamant Muller Automat mit reduzierter Tafel $\mathcal{T}$.*
Dann ist die von $\mathcal{A}$ akzeptierte Sprache $L(\mathcal{A})$ genau dann abgeschlossen, wenn die Tafel $\mathcal{T}$ gemäß Def. 7.1.3 abgeschlossen ist.

Beweis: Nehmen wir zunächst an, $L(\mathcal{A})$ sei abgeschlossen und betrachten ein Element $T \in \mathcal{T}$ der Tafel. Mit der Annahme über die Reduziertheit der Tafel existieren $u, v \in \Sigma^*$ und ein Zustand $q \in Q$ so, daß gilt:

$$\delta(q_0, u) = q, \quad \delta(q, v) = q \quad \text{und} \quad \tau(q, v) = T.$$

Sei $w \in \Sigma^*$ ein zu v äquivalentes Wort, d.h. mit $\varphi(w) = \varphi(v)$. Wegen $uv^\omega \in L(\mathcal{A})$ zusammen mit der Abgeschlossenheit von $L(\mathcal{A})$ gilt auch $uw^\omega \in L(\mathcal{A})$. Nun ist $\mathcal{A}$ deterministisch, woraus $\delta(q, w) = q$ folgt und somit auch $\inf(q_0, uw^\omega) = \tau(q, w)$. Damit folgt unmittelbar die Aussage $\tau(q, w) \in \mathcal{T}$.

Für die Rückrichtung sei die Tafel $\mathcal{T}$ abgeschlossen. Es genügt nun zu zeigen, daß für alle $(a, b) \in I$ gilt: $ab \sim_L ba$ (vgl. [DGP91]), wobei wir mit $\sim_L$ die syntaktische Kongruenz von $L = L(\mathcal{A})$ bezeichnen. (Für die Definition der syntaktischen Kongruenz siehe Abschnitt 1.1.)

Sei zunächst $uabvw^\omega \in L(\mathcal{A})$, wobei im folgenden $(a,b) \in I$ gilt. Da der Automat $\mathcal{A}$ die I-Diamant Eigenschaft hat, folgt daraus $\delta(q_0, uabv) = \delta(q_0, ubav)$ und somit direkt die Aussage $ubavw^\omega \in L(\mathcal{A})$. Sei also $u(abv)^\omega \in L(\mathcal{A})$, mit $u, v \in \Sigma^*$. Es existieren nun ganze Zahlen $r, s \geq 0$ und ein $q \in Q$ so, daß der Übergangspfad faktorisiert werden kann als $\delta(q_0, u(abv)^r) = q$, $\delta(q, (abv)^s) = q$ und es gilt $\inf(q_0, u(abv)^\omega) = \tau(q, (abv)^s) \in \mathcal{T}$. Mit der Abgeschlossenheit der Tafel $\mathcal{T}$ gilt auch $\tau(q, (bav)^s) \in \mathcal{T}$ und damit folgt $u(bav)^\omega \in L(\mathcal{A})$. $\Box$

Der letzte Satz gibt eine vollständige Charakterisierung der I-Diamant Muller Automaten, die abgeschlossene Sprachen erkennen. Um einen effizienten Algorithmus für dieses Problem angeben zu können, benötigen wir eine verfeinerte Charakterisierung der Tafeln.

Satz 7.1.5 *Sei $\mathcal{A} = (Q, \Sigma, \delta, q_0, \mathcal{T})$ ein deterministischer I-Diamant Muller Automat mit reduzierter Tafel $\mathcal{T}$. Es gilt: die Tafel $\mathcal{T}$ ist genau dann abgeschlossen, wenn die beiden folgenden Bedingungen erfüllt sind:*

1. *Für alle $T \in \mathcal{T}$, $q \in Q$, $(a,b) \in I$ mit $\{q, \delta(q,a), \delta(q,ab)\} \subseteq T$ gilt auch $T \cup \{\delta(q,b)\} \in \mathcal{T}$.*

2. *Für alle $T \in \mathcal{T}$, $q \in Q$, $(a,b) \in I$ mit $\{q, \delta(q,a), \delta(q,ab)\} \subseteq T$ mit der zusätzlichen Voraussetzung, daß ein Wort $v \in \Sigma^*$ existiert mit*

$$\delta(q, abv) = q \quad und \quad \tau(\delta(q,ab), v) = (T \setminus \{\delta(q,a)\}) \cup \{\delta(q,b)\},$$

gilt auch $(T \setminus \{\delta(q,a)\}) \cup \{\delta(q,b)\} \in \mathcal{T}$.

Beweis: Angenommen, die Tafel $\mathcal{T}$ ist abgeschlossen. Es seien $T \in \mathcal{T}$ und $(a,b) \in I$ so, daß $\{q, \delta(q,a), \delta(q,ab)\} \subseteq T$ gilt. Mit der Voraussetzung, daß die Tafel $\mathcal{T}$ reduziert ist, existieren Wörter $u, v, w \in \Sigma^*$ mit $\delta(q_0, u) = q$, $\delta(q,v) = q$, $\tau(q,v) = T$, $\delta(q, abw) = q$ und $\tau(q, abw) \subseteq T$. Daraus folgt unmittelbar $\tau(q, vabw) = T$ und damit auch $\tau(q, vbaw) = T \cup \{\delta(q,b)\} \in \mathcal{T}$. Für die zweite Bedingung des Satzes sei $v \in \Sigma^*$ so, daß $\delta(q, abv) = q$ zusammen mit $\tau(\delta(q,ab), v) = (T \setminus \{\delta(q,a)\}) \cup \{\delta(q,b)\}$ gilt. Damit folgt $\tau(q, abv) = T \cup \{\delta(q,b)\}$ bzw. $\tau(q, bav) = (T \setminus \{\delta(q,a)\}) \cup \{\delta(q,b)\}$. Wir können nun die erste Bedingung anwenden und schließen, daß $T \cup \{\delta(q,b)\} \in \mathcal{T}$ ein Tafelelement ist, daher auch $(T \setminus \{\delta(q,a)\}) \cup \{\delta(q,b)\} \in \mathcal{T}$.

Für die Rückrichtung seien die beiden Bedingungen 1. und 2. erfüllt. Wir betrachten ein Tafelelement $T \in \mathcal{T}$, zusammen mit $q \in T$ und $v \in \Sigma^*$ so, daß $\delta(q,v) = q$ und $\tau(q,v) = T$ gelten. Sei weiterhin $w \in \Sigma^*$ ein zu v äquivalentes Wort. Wir wollen zeigen, daß $\tau(q,w) \in \mathcal{T}$. Ohne Einschränkung seien

v, w von der Form $v = v_1 a b v_2$ und $w = v_1 b a v_2$ für $(a, b) \in I$ und gewisse $v_1, v_2 \in \Sigma^*$. Mit $q_1 := \delta(q, v_1)$ erhalten wir $\tau(q_1, a b v_2 v_1) = T$, zusammen mit $\tau(q, w) = \tau(q_1, b a v_2 v_1)$. Abhängig davon, ob nun $\delta(q_1, a) \in \tau(\delta(q_1, ba), v_2 v_1)$ gilt oder nicht, folgern wir mit einer der beiden Bedingungen, daß $\tau(q, w) \in \mathcal{T}$ erfüllt ist:

- Falls $\delta(q_1, a) \in \tau(\delta(q_1, ba), v_2 v_1)$, so folgt mit der ersten Bedingung

$$\tau(q, w) = \{\delta(q_1, b)\} \cup \tau(\delta(q_1, ba), v_2 v_1) = T \cup \{\delta(q_1, b)\} \in \mathcal{T}.$$

- Ansonsten wenden wir die zweite Bedingung an und erhalten abschließend erneut $\tau(q, w) = (T \setminus \{\delta(q_1, a)\}) \cup \{\delta(q_1, b)\} \in \mathcal{T}$.

$\square$

Im zweiten Teil dieses Abschnitts zeigen wir, daß das Abgeschlossenheitsproblem für deterministische I-Diamant Muller Automaten NL-vollständig ist (wobei NL die Komplexitätsklasse NSPACE($\log(n)$) bezeichnet). Wir verwenden im folgenden den Abschluß von NL unter Komplement ([Imm88, Sze88]) und die NL-Vollständigkeit des Erreichbarkeitsproblems 2-GAP in gerichteten Graphen mit Ausgangsgrad höchstens 2.

Bemerkung Die Frage, ob zu einem gegebenem Muller Automaten $\mathcal{A} = (Q, \Sigma, \delta, q_0, \mathcal{T})$ und Abhängigkeitsalphabet (Σ, D) der Automat deterministisch ist und die I-Diamant Eigenschaft hat, kann in DSPACE($\log(n)$) beantwortet werden.

Satz 7.1.6 *Sei (Σ, D) gegeben. Die Frage, ob die Tafel eines deterministischen, I-Diamant Muller Automaten $\mathcal{A} = (Q, \Sigma, \delta, q_0, \mathcal{T})$ reduziert ist, ist NL-vollständig.*

Beweis: Es ist leicht zu sehen, daß die Frage nichtdeterministisch in logarithmischem Platz beantwortet werden kann: für jedes $T \in \mathcal{T}$ wird $q \in T$ geraten und überprüft, daß es von q_0 erreichbar ist; anschließend wird $v \in \Sigma^*$ mit $|v| \in O(|Q|)$ geraten und $\delta(q, v) = q$, sowie $\tau(q, v) = T$ gleichzeitig überprüft; dafür wird die Bedingung $\tau(q, u) \subseteq T$ für $u \leq v$ aufrechterhalten und die durchlaufenen Zustände aus T werden gezählt gemäß ihrer Reihenfolge in der Eingabe. Im positiven Fall wird zum nächsten $T' \in \mathcal{T}$ übergegangen.
Für die Härte kann eine einfache Reduktion von 2-GAP auf das vorliegende Problem angegeben werden. $\square$

Der obige Satz zeigt also, daß bereits die Preprocessing-Phase des Abgeschlossenheitsproblems NL-vollständig ist. Interessanterweise bleibt das Problem NL-vollständig auch unter der Annahme, daß die Reduziertheit der Tafel bekannt ist.

Theorem 7.1.7 *Es seien (Σ, D) und ein deterministischer I-Diamant Muller Automat $\mathcal{A} = (Q, \Sigma, \delta, q_0, \mathcal{T})$ mit reduzierter Tafel $\mathcal{T}$ gegeben. Die Frage, ob $L(\mathcal{A})$ abgeschlossen ist, ist NL-vollständig.*

Beweis: Wir zeigen zunächst, daß die beiden Bedingungen des Satzes 7.1.5 nichtdeterministisch mit logarithmischem Platz beantwortet werden können. Während dies für die erste Bedingung offensichtlich ist, genügt es für die zweite Bedingung zu überprüfen, daß für gewisse $T \in \mathcal{T}$, $\{q, \delta(q,a), \delta(q,ab)\} \subseteq T$ ein $v \in \Sigma^*$ mit $|v| \in O(|Q|)$ derart existiert, daß $\delta(q, abv) = q$ und $\tau(\delta(q,ab), v) = (T \setminus \{\delta(q,a)\}) \cup \{\delta(q,b)\}$ gelten. Dies kann wie im Beweis von Satz 7.1.6 durchgeführt werden.

Für die Härte genügt es, ein Alphabet mit drei Buchstaben zu betrachten, $(\Sigma, D) = a - c - b$. Sei $G = (\{s, t, x_1, \ldots, x_n\}, E)$ eine Instanz von 2-GAP, wobei nach der Existenz eines Pfades von s nach t gefragt wird. Wir nehmen an, daß s und t nicht isoliert sind und s nur ausgehende Kanten hat. Die Kanten aus E werden beliebig mit b, c beschriftet so, daß von keinem Knoten zwei Kanten mit derselben Beschriftung ausgehen. Wir fügen vier neue Knoten p, q, r, m und folgende zusätzliche Kanten ein: (t, c, q), (p, c, s), (q, b, r), (r, a, p), (q, a, m), (m, b, p), (r, b, q), (p, b, m), (m, c, q), sowie (q, c, x_i), (x_i, c, p) für $1 \leq i \leq n$ (siehe Abb. 7.4).

Nun gibt es eventuell Knoten x_i, die zwei mit c beschriftete ausgehende Kanten haben. Um den Determinismus wiederherzustellen, können zwei Kanten (x_i, c, y), (x_i, c, y') mit $y \neq y'$ durch die Einführung eines neuen Knotens x_i', zusammen mit neuen Kanten (x_i, c, x_i'), (x_i', b, y), (x_i', c, y') ersetzt werden. Weiterhin kann der Nichtdeterminismus, der durch Knoten q verursacht wird, behoben werden durch die Einführung neuer Knoten y_i, $1 \leq i \leq n - 1$ und die Ersetzung der Kanten $\{(q, c, x_i) \mid 1 \leq i \leq n\}$ durch die Kanten $\{(y_i, b, y_{i+1}), (y_j, c, x_j) \mid 1 \leq i < n-1, 1 \leq j \leq n-1\} \cup \{(q, c, y_1), (y_{n-1}, b, x_n)\}$. Wir betrachten den entstandenen Graphen als deterministischen I-Diamant Muller Automaten mit Anfangszustand q und Tafel $\mathcal{T} = \{T_1, T_2\}$, wobei $T_1 = Q = \{r, p, q, m, s, t, x_i, x_i', y_j \mid 1 \leq i \leq n, 1 \leq j \leq n-1\}$ und $T_2 = T_1 \setminus \{r\}$. Man beachte auch, daß die Tafel reduziert ist.

Gibt es einen Pfad von s nach t in G, so existiert ein $v \in \Sigma^*$ mit $\delta(p, v) = q$ und $\tau(p, v) = Q \setminus \{m\}$, und $\mathcal{T}$ ist nicht abgeschlossen. Existiert hingegen kein Pfad von s nach t, so existiert auch kein $v \in \Sigma^*$ mit $\delta(p, v) = q$ und $\tau(p, v) = Q \setminus \{m\}$. Ein $v \in \Sigma^*$ mit $\delta(m, v) = r$ und $\tau(m, v) = Q \setminus \{p\}$ existiert auch nicht, da s keine eingehende Kanten hat. Mit Satz 7.1.5 gilt also, daß die Tafel (und damit $L(\mathcal{A})$) genau dann abgeschlossen ist, wenn kein Pfad von s nach t in G existiert.

$\square$

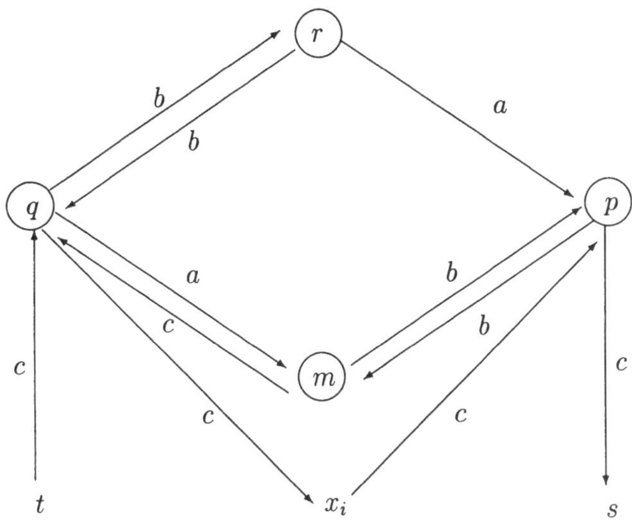

Abbildung 7.4: Reduktion von 2-GAP.

7.2 Nichtdeterministische I-Diamant Büchi Automaten

Wir zeigen in diesem Abschnitt, daß das Problem der Abgeschlossenheit für nichtdeterministische I-Diamant Büchi Automaten wesentlich schwieriger ist als für Muller Automaten. Im Büchi Fall ist dieses Problem nämlich PSPACE-vollständig (wobei PSPACE die Klasse der im polynomiellen Platz lösbaren Probleme bezeichnet). Dies bedeutet, daß der Übergang von Büchi zu Muller Automaten einen exponentiellen Anstieg in der Größe hervorruft (wobei allerdings die Größe auch die Tafel berücksichtigt).

Zunächst einige Bemerkungen zum Automatenmodell. Wir wissen mit [GP92], daß die Familie der erkennbaren, abgeschlossenen ω-Sprachen charakterisiert ist durch I-Diamant Automaten mit erweiterter Büchi Akzeptanz. Damit sind Automaten der Art $\mathcal{A} = (Q, \Sigma, \delta, q_0, \mathcal{T})$ mit $\mathcal{T} \subseteq \mathcal{P}(Q)$ gemeint. Ein Wort $w \in \Sigma^\omega$ wird von $\mathcal{A}$ akzeptiert, wenn ein $T \in \mathcal{T}$ und eine Berechnung r auf w derart existieren, daß $\inf(r) \supseteq T$ gilt, d.h., jeder Zustand aus T wird in r unendlich oft wiederholt.

Die folgende Beobachtung von V. Diekert zeigt jedoch, daß gewöhnliche Büchi Automaten mit I-Diamant Eigenschaft genauso mächtig sind wie I-Diamant Büchi Automaten mit erweiterter Akzeptanz.

Mit den Ergebnissen aus Kapitel 3 können wir einen deterministischen asynchron-zellulären Muller Automaten $\mathcal{A} = ((Q_a)_{a \in \Sigma}, (\delta_a)_{a \in \Sigma}, q_0, \mathcal{T})$ als Beschreibung für $L \in \mathrm{Rec}(\Sigma^\omega)$ mit $[L] = L$ wählen. Ein sequentieller Automat wird ein Tafelelement $T = (T_a)_{a \in \Sigma}$ raten und anschließend überprüfen, daß genau die lokalen Komponenten von T unendlich oft wiederholt werden.

Sei $Q = \prod_{a \in \Sigma} Q_a$ die Menge der globalen Zustände von $\mathcal{A}$ und $\delta : Q \times \Sigma \to Q$ die globale Übergangsfunktion. Ohne Einschränkung sei δ so, daß für alle $q \in Q$, $a \in \Sigma$, $q'_a \in Q_a$ mit $q'_a = \delta_a((q_b)_{b \in D(a)})$ gilt: $q'_a \neq q_a$. Damit gilt für ein Wort $w \in \Sigma^\omega$, das mit $T \in \mathcal{T}$ akzeptiert wird: $\mathrm{alphinf}(w) = \{a \in \Sigma \mid |T_a| \geq 2\}$. Schließlich sei $A_T = \{a \in \Sigma \mid |T_a| \geq 2\}$, und die Menge lokaler Zustände $S_T := \bigcup_{a \in A_T} T_a$ gegeben.

Betrachte nun für $T \in \mathcal{T}$ den nichtdeterministischen Büchi Automaten $\mathcal{A}'_T = (Q', \Sigma, \delta', q_0, F)$ mit $Q' = Q \cup (Q \times \mathcal{P}(S_T))$ und der Übergangsrelation $\delta' \subseteq Q' \times \Sigma \times Q'$ gegeben durch

- $q' \in \delta'(q, a)$, falls $q' = \delta(q, a)$ gilt.

- $(q', A) \in \delta'(q, a)$, falls $q' = \delta(q, a)$ und $A \subseteq S_T$ gelten.

- $(q', A') \in \delta'((q, A), a)$, falls $q' = \delta(q, a)$, $a \in A_T$, $q'_a \in S_T$ und

  (i) entweder $A' = \emptyset$, falls $A \cup \{q'_a\} = S_T$,

  (ii) oder $\emptyset \neq A' \subseteq A \cup \{q'_a\}$.

Es ist nicht schwer zu überprüfen, daß $\mathcal{A}'_T$ die I-Diamant Eigenschaft hat. Schließlich folgt mit $F = \{(q, \emptyset) \mid q = (q_a)_{a \in \Sigma}, \forall a \notin A_T : T_a = \{q_a\}\}$, daß $\mathcal{A}'_T$ genau die ω-Wörter akzeptiert, die von $\mathcal{A}$ mit T akzeptiert werden.

Nun zurück zum Problem der Abgeschlossenheit für I-Diamant Büchi Automaten. Der folgende Satz gibt für ein Abhängigkeitsalphabet (Σ, D) eine Charakterisierung derjenigen Automaten, die eine abgeschlossene Sprache erkennen. Analog zu Muller Automaten betrachten wir nur reduzierte Endzustandsmengen F, d.h., für jeden Zustand $f \in F$ existiert ein Übergangspfad r mit $f \in \mathrm{inf}(r)$. Weiterhin verwenden wir folgende Notation: für $\mathcal{A} = (Q, \Sigma, \delta, q_0, F)$ bedeutet $q' \in \delta_F(q, u)$ für $u \in \Sigma^*$, daß ein mit u beschrifteter Pfad von q nach q' existiert, der durch einen Zustand aus F führt.

Satz 7.2.1 *Sei $\mathcal{A} = (Q, \Sigma, \delta, q_0, F)$ ein nichtdeterministischer I-Diamant Büchi Automat, $F \subseteq Q$. Dann gilt: $L(\mathcal{A})$ ist genau dann abgeschlossen, wenn für alle $q, q', s \in Q$, $x, y \in \Sigma^*$ und $(a, b) \in I$ mit*

$$q \in \delta(q_0, x), \quad q' \in \delta(q, a) \cap F, \quad s \in \delta(q', b) \quad und \quad q \in \delta(s, y)$$

positive ganze Zahlen $p \leq n$, $m \leq 2n$ (mit $n = |Q|$) und ein Zustand $q'' \in Q$ derart existieren, daß gilt:

$$q'' \in \delta(q_0, x(bay)^p) \quad und \quad q'' \in \delta_F(q'', (bay)^m).$$

Beweis: Nehmen wir an, es gilt $L(\mathcal{A}) = [L(\mathcal{A})]$ und betrachten wir $q, q', s \in Q$, $x, y \in \Sigma^*$ wie in dem Satz beschrieben. Es gilt $x(aby)^\omega \in L(\mathcal{A})$ und damit auch $x(bay)^\omega \in L(\mathcal{A})$. Ein akzeptierender Pfad für $x(bay)^\omega$ kann nun wie angegeben faktorisiert werden.

Umgekehrt sei $\sim_L$ die syntaktische Kongruenz von $L = L(\mathcal{A})$. Mit [DGP95] genügt es zu zeigen, daß $ab \sim_L ba$ für alle $(a, b) \in I$ gilt. Zunächst gilt offensichtlich $xabyz^\omega \in L$ genau dann, wenn $xbayz^\omega \in L$, denn $\mathcal{A}$ ist I-Diamant. Betrachte nun $x(aby)^\omega \in L$. Damit existieren $k, l \leq |Q|$ und ein Zustand $q \in Q$ mit $q \in \delta(q_0, x(aby)^k)$ und $q \in \delta_F(q, (aby)^l)$.

Es genügt, den Fall $q' \in \delta(q, a) \cap F$ zu betrachten, wobei $q \in \delta(q', by(aby)^{l-1})$ (ansonsten verwenden wir die I-Diamant Eigenschaft direkt). Schließlich folgt mit $y' = y(bay)^{l-1}$ die Existenz eines Zustands $q'' \in Q$ und Indizes p, m mit $q'' \in \delta(q_0, x(bay)^k(bay')^p)$ und $q'' \in \delta_F(q'', (bay')^m)$, und dies ergibt $x(bay)^\omega \in L$.
$\square$

Bemerkung Es genügt, die Eigenschaft in Satz 7.2.1 für alle Wörter $x, y \in \Sigma^*$ der Länge $|x| \leq 2^n$ bzw. $|y| \leq 2^{2n^2}$ zu überprüfen, wobei $n = |Q|$.

Satz 7.2.2 *Gegeben sei ein Abhängigkeitsalphabet (Σ, D) und ein nichtdeterministischer I-Diamant Büchi Automat $\mathcal{A} = (Q, \delta, q_0, F)$. Die Frage, ob $L(\mathcal{A})$ abgeschlossen ist, liegt in PSPACE.*

Beweis: Wir zeigen, daß die negierte Charakterisierung aus Satz 7.2.1 in PSPACE überprüft werden kann. Eine nichtdeterministische Turing Maschine M rät zuerst $q, q', s \in Q$, $(a, b) \in I$ mit $q' \in \delta(q, a) \cap F$, zusammen mit $s \in \delta(q', b)$. Anschließend simuliert M den Potenzautomaten von $\mathcal{A}$ und rät on-line ein Wort $x \in \Sigma^*$ mit $|x| \leq 2^n$. Sei $R_1 \subseteq Q$ die erreichte Zustandsmenge. M überprüft $q \in R_1$ und rät Mengen $R_2, \ldots, R_{3n} \subseteq Q$. Darauf wird erneut der Potenzautomat von $\mathcal{A}$ simuliert, und zwar rät M on-line ein Wort y mit $|y| \leq 2^{2n^2}$ und überprüft gleichzeitig, daß $\Delta(R_i, bay) = R_{i+1}$ für alle i gilt (wobei Δ die Übergangsfunktion des Potenzautomaten ist). Genauer, sei $R_i = \{q_{i,1}, \ldots, q_{i,n_i}\}$. Für jedes i und alle $1 \leq j \leq n_i$ generiert M schrittweise die Menge $S_{i,j} \subseteq Q$ der Folgezustände von $q_{i,j}$ bezüglich dem geratenen Wort *bay*. Wenn ein Endzustand durchlaufen wird, so markiert M die Folgezustände. Gleichzeitig simuliert M den Potenzautomaten auf y ausgehend von s und verfolgt die Zustandsmenge $S \subseteq Q$. Am Ende dieser Phase überprüft M, daß

$q \in S$ und $R_{i+1} = \bigcup_{j=1}^{n_i} S_{i,j}$ für alle i gilt. Schließlich überprüft M anhand der markierten Zuständen, für alle $q'' \in Q$ und $p \leq n$, $m \leq 2n$ mit $q'' \in R_p \cap R_{p+m}$, ob ein Pfad von q'' nach q'' (durch die Zustandsmengen R_i) führt, und lehnt ab, falls dies der Fall ist. $\qquad\square$

Theorem 7.2.3 *Gegeben sei ein Abhängigkeitsalphabet (Σ, D) und ein nichtdeterministischer I-Diamant Büchi Automat $\mathcal{A} = (Q, \delta, q_0, F)$. Die Frage, ob $L(\mathcal{A})$ abgeschlossen ist, ist PSPACE-vollständig.*

Beweis: Wir reduzieren im folgenden die Frage "$L(\mathcal{A}') \overset{?}{=} \Gamma^*$" [MS72] für einen nichtdeterministischen endlichen Automaten $\mathcal{A}'$ über Γ auf die Frage der Abgeschlossenheit. Sei $\mathcal{A}' = (Q', \Gamma, \delta', s, F')$. Es seien nun $a, b \notin \Gamma$ und betrachte das Alphabet $\Sigma = \Gamma \cup \{a, b\}$ mit der Unabhängigkeitsrelation $I = \{(a, b)\}$. Sei $\mathcal{A} = (Q, \Sigma, \delta, q_0, F)$ ein nichtdeterministischer Büchi Automat mit Zustandsmenge $Q = Q' \cup \{q_0, 1, \dots, 7\}$, Endzustände $F = \{2, 7\}$ und Übergangsrelation δ gegeben durch Abb. 7.5 (mit $c \in \Gamma$ beliebig).

Nun gilt $w \in L(\mathcal{A})$ genau dann, wenn $x \in \Sigma^*$, $(y_n)_{n \geq 1} \subseteq \Sigma^*$ derart existieren, daß $w = xy_1y_2 \dots$ gilt, mit

1. entweder $x \in \Gamma^+$, $y_n \in (ab + ba)\Gamma^+$ und $y_n \in ab\Gamma^+$ für unendlich viele $n \geq 1$,

2. oder $x \in \Gamma L(\mathcal{A}')$, $y_n \in (ab + ba)\,\Gamma L(\mathcal{A}')$ und $y_n \in ba\Gamma L(\mathcal{A}')$ für unendlich viele $n \geq 1$.

Somit ist $L(\mathcal{A})$ abgeschlossen genau dann, wenn $L(\mathcal{A}') = \Gamma^*$. $\qquad\square$

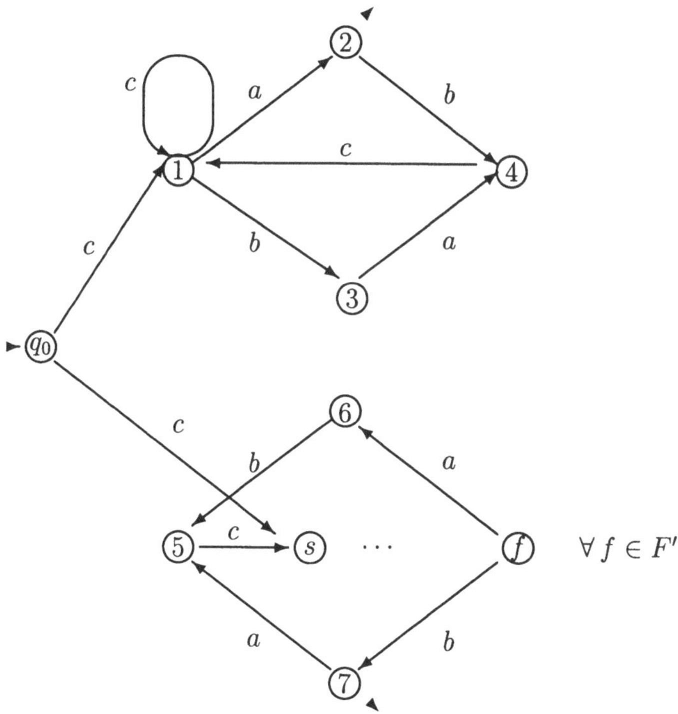

Abbildung 7.5: Reduktion vom Totalitätsproblem.

Abschließende Bemerkungen

In der vorliegenden Abhandlung haben wir wesentliche Aspekte der automaten-theoretischen Charakterisierung erkennbarer reeller Spursprachen untersucht. Wir haben das Theorem von McNaughton auf reelle Spuren verallgemeinert, indem wir die Äquivalenz zwischen Erkennbarkeit und Akzeptanz durch deterministische asynchrone Muller Automaten gezeigt haben. Wir haben zunächst deterministische Spursprachen definiert und gezeigt, daß die Klasse erkennbarer reeller Spursprachen mit dem Booleschen Abschluß der Klasse deterministischer Sprachen übereinstimmt.

Die Problematik einer geeigneten Charakterisierung deterministischer reeller Spursprachen zeigt hingegen, daß Fragen bezüglich der Definition von asynchronen Büchi Automaten und/oder deterministischer Sprachen offen bleiben. In diesem Zusammenhang sollte hinzugefügt werden, daß Determinismus auch mittels bestimmter Topologien erfaßt werden kann. Wir erinnern an die Äquivalenz zwischen deterministischen ω-Sprachen und der erkennbaren Sprachen aus der G_δ Stufe der Borel Hierarchie. In Zusammenarbeit mit P. Gastin und A. Petit wurde dieser Aspekt für reelle Spursprachen untersucht. Es stellte sich heraus, daß eine analoge Charakterisierung deterministischer Spursprachen existiert, d.h. als abzählbare Durchschnitte offener Mengen, und zwar bezüglich der Metrik, die zum Monoid komplexer Spuren $\mathbb{C}(\Sigma, D)$ als Vervollständigung von $\mathbb{M}(\Sigma, D)$ führt [Die93]. Dieses Ergebnis spricht daher eher für die Definition deterministischer Spursprachen.

Die in dieser Abhandlung entwickelte Potenzautomaten-Konstruktion für asynchrone Automaten löst ein interessantes Problem in der Theorie endlicher Spuren, das Problem der direkten Determinisierung. Wir verwenden im entscheidenden Maße die Zeitstempelfunktion der Konstruktion von Zielonka [Zie87]. Dies führt natürlich zur Frage der Notwendigkeit der Zeitmarkierung innerhalb einer solchen Konstruktion.

Wir haben weiterhin die Familie sternfreier reeller Spursprachen untersucht und gezeigt, daß klassische Resultate wie die Äquivalenz zur Aperiodizität von ω-Wörter auf reelle Spuren übertragen werden können. In diesem Bereich gibt es verschiedene weitere Fragen, deren Untersuchung vielversprechend zu sein scheint. Ein Beispiel wären die lokal testbaren Sprachen, für deren Definition es einen nicht sehr zufriedenstellenden Ansatz in [GRS91] für Sprachen endlicher Spuren gegeben hat. Eine partielle Lösung dieses Problems könnte z.B. darin bestehen, nicht nur die Faktoren u einer bestimmten Länge in der gegebenen Spur $t = xuy$ zu betrachten, sondern sie zu Tupeln $(u, D(\mathrm{alph}(x)), D(\mathrm{alph}(y)))$ zu erweitern. Ein solcher Ansatz würde direkt zu einer Kongruenzrelation führen.

Literatur

[Arn85]   A. Arnold. A syntactic congruence for rational ω-languages. *Theoretical Computer Science*, 39:333–335, 1985.

[BD87]   E. Best and R. Devillers. Sequential and concurrent behaviour in Petri net theory. *Theoretical Computer Science*, 55:87–136, 1987.

[Ber79]   J. Berstel. *Transductions and context-free languages*. Teubner Studienbücher, Stuttgart, 1979.

[BMP90]   P. Bonizzoni, G. Mauri, and G. Pighizzini. About infinite traces. In V. Diekert, editor, *Proceedings of the ASMICS workshop Free Partially Commutative Monoids, Kochel am See, Oktober 1989*, Report TUM-I9002, Technical University of Munich, pages 1–10, 1990.

[Büc60]   J.R. Büchi. On a decision method in restricted second order arithmetic. In E. Nagel et al., editors, *Proc. Internat. Congr. on Logic, Methodology and Philosophy of Science*, pages 1–11. Stanford Univ. Press, Stanford, CA, 1960.

[CF69]   P. Cartier and D. Foata. *Problèmes combinatoires de commutation et réarrangements*. Number 85 in Lecture Notes in Mathematics. Springer, Berlin-Heidelberg-New York, 1969.

[CMZ90]   R. Cori, Y. Métivier, and W. Zielonka. Applications of trace approximation to asynchronous automata and message passing with bounded time-stamps in asynchronous networks. Technical report, Univ. Bordeaux, 1990.

[CMZ93]   R. Cori, Y. Métivier, and W. Zielonka. Asynchronous mappings and asynchronous cellular automata. *Information and Computation*, 106:159–202, 1993.

[CP85] R. Cori and D. Perrin. Automates et commutations partielles. *R.A.I.R.O. — Informatique Théorique et Applications*, 19:21–32, 1985.

[DGP91] V. Diekert, P. Gastin, and A. Petit. Recognizable complex trace languages. In A. Tarlecki, editor, *Proceedings of the 16th Symposium on Mathematical Foundations of Computer Science (MFCS'91), Kazimierz Dolny (Poland) 1991*, number 520 in Lecture Notes in Computer Science, pages 131–140, Berlin-Heidelberg-New York, 1991. Springer.

[DGP95] V. Diekert, P. Gastin, and A. Petit. Rational and recognizable complex trace languages. *Information and Computation*, 116:134–153, 1995.

[Die90] V. Diekert. *Combinatorics on Traces*. Number 454 in Lecture Notes in Computer Science. Springer, Berlin-Heidelberg-New York, 1990.

[Die91] V. Diekert. On the concatenation of infinite traces. In C. Choffrut et al., editors, *Proceedings of the 8th Annual Symposium on Theoretical Aspects of Computer Science (STACS'91), Hamburg 1991*, number 480 in Lecture Notes in Computer Science, pages 105–117, Berlin-Heidelberg-New York, 1991. Springer. Appeared also in Theoretical Computer Science [Die93].

[Die93] V. Diekert. On the concatenation of infinite traces. *Theoretical Computer Science*, 113:35–54, 1993. Special issue STACS'91.

[DM93] V. Diekert and A. Muscholl. Deterministic asynchronous automata for infinite traces. In P. Enjalbert, et al., editors, *Proceedings of the 10th Annual Symposium on Theoretical Aspects of Computer Science (STACS'93), Würzburg 1993*, number 665 in Lecture Notes in Computer Science, pages 617–628, Berlin-Heidelberg-New York, 1993. Springer. Extended version in [DM94].

[DM94] V. Diekert and A. Muscholl. Deterministic asynchronous automata for infinite traces. *Acta Informatica*, 31:379–397, 1994. A preliminary version was presented at STACS'93, Lecture Notes in Computer Science 665 (1993).

[DR95] V. Diekert and G. Rozenberg, editors. *The Book of Traces*. World Scientific, Singapore, 1995.

[Ebi94]   W. Ebinger. *Charakterisierung von Sprachklassen unendlicher Spuren durch Logiken*. Dissertation, Institut für Informatik, Universität Stuttgart, 1994.

[Eil74]   S. Eilenberg. *Automata, Languages and Machines*, volume A. Academic Press, New York and London, 1974.

[EM]   W. Ebinger and A. Muscholl. Logical definability on infinite traces. *Theoretical Computer Science*. To appear Feb. 1996. A preliminary version appeared in Proceedings of the 20th International Colloquium on Automata, Languages and Programming (ICALP'93), Lund (Sweden) 1993, Lecture Notes in Computer Science 700, 1993.

[FR85]   M. P. Flé and G. Roucairol. Fair serializability of iterated transactions using fifo-nets. In G. Rozenberg, editor, *Advances in Petri Nets*, number 188 in Lecture Notes in Computer Science, pages 154–168. Springer, Berlin-Heidelberg-New York, 1985.

[Gas91]   P. Gastin. Recognizable and rational trace languages of finite and infinite traces. In C. Choffrut et al., editors, *Proceedings of the 8th Annual Symposium on Theoretical Aspects of Computer Science (STACS'91), Hamburg 1991*, number 480 in Lecture Notes in Computer Science, pages 89–104, Berlin-Heidelberg-New York, 1991. Springer.

[GKPP95] R. Gerth, R. Kuiper, D. Peled, and W. Penczek. A partial order approach to branching time logic model checking. In *Proceedings of the Third Israel Symposium on Theory of Computing and Systems (ISTCS'95), Tel Aviv, Israel, January 4-6, 1995*, 1995.

[GP91]   P. Gastin and A. Petit. Büchi (asynchronous) automata for infinite traces. Tech. rep., LRI, Université Paris-Sud, 1991.

[GP92]   P. Gastin and A. Petit. Asynchronous automata for infinite traces. In W. Kuich, editor, *Proceedings of the 19th International Colloquium on Automata, Languages and Programming (ICALP'92), Vienna (Austria) 1992*, number 623 in Lecture Notes in Computer Science, pages 583–594, Berlin-Heidelberg-New York, 1992. Springer.

[GPZ91]   P. Gastin, A. Petit, and W. Zielonka. A Kleene theorem for infinite trace languages. In J. Leach-Albert, et al., editors, *Proceedings of the 18th International Colloquium on Automata, Languages and Programming (ICALP'91), Madrid (Spain) 1991*, number 510 in Lecture Notes in Computer Science, pages 254–266, Berlin-Heidelberg-New York, 1991. Springer.

[GR93] P. Gastin and B. Rozoy. The poset of infinitary traces. *Theoretical Computer Science*, 120:101–121, 1993.

[GRS91] G. Guaiana, A. Restivo, and S. Salemi. On aperiodic trace languages. In C. Choffrut et al., editors, *Proceedings of the 8th Annual Symposium on Theoretical Aspects of Computer Science (STACS'91), Hamburg 1991*, number 480 in Lecture Notes in Computer Science, pages 76–88, Berlin-Heidelberg-New York, 1991. Springer.

[Imm88] N. Immerman. Nondeterministic space is closed under complement. *SIAM Journal of Computing*, 17(5):935–938, 1988.

[Kla91] N. Klarlund. Progress measures for complementation of ω-automata with applications to temporal logic. In *Proc. of the 32nd FOCS, Oct. 1-4, 1991, San Juan, Puerto Rico*, pages 358–367, 1991.

[KMS94] N. Klarlund, M. Mukund, and M. Sohoni. Determinizing asynchronous automata. In S. Abiteboul et. al., editors, *Proceedings of the 21st International Colloquium on Automata, Languages and Programming (ICALP'94), Jerusalem (Israel) 1994*, number 820 in Lecture Notes in Computer Science, pages 130–141, 1994.

[Kwi89] M. Kwiatkowska. Event fairness and non-interleaving concurrency. *Formal aspects of computing*, 1(3):213–228, 1989.

[Kwi90] M. Kwiatkowska. A metric for traces. *Information Processing Letters*, 35:129–135, 1990.

[Lan69] L.H. Landweber. Decision problems for ω-automata. *Mathematical Systems Theory*, 3:376–384, 1969.

[Lev44] F. W. Levi. On semigroups. *Bull. Calcutta Math. Soc.*, 36:141–146, 1944.

[LL90] L. Lamport and N. Lynch. Distributed computing: models and methods. In Jan van Leeuwen, editor, *Handbook of Theoretical Computer Science*, volume B, pages 1157–1200. Elsevier, Amsterdam, 1990.

[Maz77]   A. Mazurkiewicz. Concurrent program schemes and their interpretations. DAIMI Rep. PB 78, Aarhus University, Aarhus, 1977.

[Maz87]   A. Mazurkiewicz. Trace theory. In W. Brauer et al., editors, *Petri Nets, Applications and Relationships to other Models of Concurrency*, number 255 in Lecture Notes in Computer Science, pages 279–324, Berlin-Heidelberg-New York, 1987. Springer.

[McN66]   R. McNaughton. Testing and generating infinite sequences by a finite automaton. *Information and Control*, 9:521–530, 1966.

[Mic88]   M. Michel. Complementation is more difficult with automata on infinite words. Manuscript, 1988.

[MP71]   R. McNaughton and S. Papert. *Counter-free Automata*. MIT Press, Cambridge, MA, 1971.

[MP91]   Z. Manna and A. Pnueli. *The Temporal Logic of Reactive and Concurrent Systems, Specification*. Springer, 1991.

[MS72]   A. Meyer and L. Stockmeyer. The equivalence problem for regular expressions with squaring requires exponential space. In *Proc. of the 13th Annual IEEE Symposium on Switching and Automata Theory*, pages 125–129, 1972.

[Mul63]   D.E. Muller. Infinite sequences and finite machines. In *Proc. of the 4th Ann. IEEE Symposium on Switching Circuit Theory and Logical Design*, pages 3–16, 1963.

[Mus94]   A. Muscholl. On the complementation of Büchi asynchronous cellular automata. In S. Abiteboul et. al., editors, *Proceedings of the 21st International Colloquium on Automata, Languages and Programming (ICALP'94), Jerusalem (Israel) 1994*, number 820 in Lecture Notes in Computer Science, pages 142–153. Springer, 1994.

[Péc86]   J.-P. Pécuchet. On the complementation of Büchi automata. *Theor. Comp. Science*, (47):95–98, 1986.

[Per84]   D. Perrin. Recent results on automata and infinite words. In M.P. Chytil et al., editors, *Proceeding of the 11th Symposium on Mathematical Foundations of Computer Science (MFCS'84), Praha (CSFR) 1984*, number 176 in Lecture Notes in Computer Science, pages 134–148, Berlin-Heidelberg-New York, 1984. Springer.

[PP86]   D. Perrin and J.-E. Pin. First-order logic and star-free sets. *Journal of Computer and System Sciences*, 32:393–406, 1986.

[PP93]   D. Perrin and J.-E. Pin. Mots Infinis. Tech. Rep. LITP 93.40, Université Paris 7, 1993. Book to appear.

[PP94]   D. Peled and A. Pnueli. Proving partial order properties. *Theoretical Computer Science*, 126:143–182, 1994. A preliminary version appeared in the proceedings of ICALP'90, Lecture Notes in Computer Science 443, Springer.

[Rab69]   M.O. Rabin. Decidability of second-order theories and automata on infinite trees. *Trans. American Mathematical Society*, (141):1–35, 1969.

[Saf88]   S. Safra. On the complexity of ω-automata. In *Proc. of the 29th Symposium on Foundations of Computer Science*, pages 319–327, 1988.

[Saf92]   S. Safra. Exponential determinization for ω-automata with strong-fairness acceptance condition. In *Proc. of the 24th Ann. ACM STOC*, pages 275–282, 1992.

[Sch65]   M. P. Schützenberger. On finite monoids having only trivial subgroups. *Information and Control*, 8:190–194, 1965.

[Sch73]   M. P. Schützenberger. Sur les rélations rationelles fonctionelles. In M. Nivat, editor, *Automata, languages and programming*, pages 103–114. North-Holland, 1973.

[Sze88]   R. Szelepcsényi. The method of forced enumeration for nondeterministic automata. *Acta Informatica*, 26:279–284, 1988.

[Tho79]   W. Thomas. Star-free regular sets of ω-sequences. *Information and Control*, 42:261–283, 1979.

[Tho90a] W. Thomas. Automata on infinite objects. In Jan van Leeuwen, editor, *Handbook of Theoretical Computer Science*, volume B, pages 133–191. Elsevier Science Publishers B. V., 1990.

[Tho90b] W. Thomas. On logical definability of trace languages. In V. Diekert, editor, *Proceedings of a workshop of the ESPRIT Basic Research Action No 3166: Algebraic and Syntactic Methods in Computer Science (ASMICS), Kochel am See, Bavaria, FRG (1989)*, Report TUM-I9002, Technical University of Munich, pages 172–182, 1990.

[TZ90]   W. Thomas and W. Zielonka. Logical definability of trace languages. Manuscript, 1990.

[Zie87] W. Zielonka. Notes on finite asynchronous automata. *R.A.I.R.O. — Informatique Théorique et Applications*, 21:99–135, 1987.

[Zie89] W. Zielonka. Safe executions of recognizable trace languages by asynchronous automata. In A. R. Mayer et al., editors, *Proceedings of the Symposium on Logical Foundations of Computer Science, Logic at Botik '89, Pereslavl-Zalessky (USSR) 1989*, number 363 in Lecture Notes in Computer Science, pages 278–289, Berlin-Heidelberg-New York, 1989. Springer.

Index

TEUBNER-TEXTE zur Informatik

Band 1   Buchmann/Ganzinger/Paul (Hrsg.)
**Informatik. Festschrift zum 60. Geburtstag
von Günter Hotz**
VIII, 508 Seiten. Kart. DM 62,–

Band 2   Rupprecht, **Implementierung und parallele Verarbeitung
von Kommunikationssoftware**
196 Seiten. Kart. DM 29,80

Band 3   Glässer, **A Distributed Implementation of Flat Concurrent
Prolog on Message-Passing Multiprocessor Systems**
116 Seiten. Kart. DM 25,80

Band 4   Hohenstein, **Formale Semantik eines erweiterten Entity-
Relationsship-Modells**
207 Seiten. Kart. DM 39,80

Band 5   Zhao, **Handsketch-Based Diagram Editing**
220 Seiten. Kart. DM 39,80

Band 6   Saake, **Objektorientierte Spezifikation von
Informationssystemen**
247 Seiten. Kart. DM 44,80

Band 7   Reinwald, **Workflow-Management in verteilten Systemen**
2. Auflage. 276 Seiten. Kart. DM 59,80

Band 8   Buchholz/Dunkel/Müller-Clostermann/Sczittnick/Zäske,
Quantitative Systemanalyse mit Markovschen Ketten
270 Seiten. Kart. DM 49,80

Band 9   Heistermann, **Genetische Algorithmen**
298 Seiten. Kart. DM 49,80

Band 10   Tresch, **Evolution in Objekt-Datenbanken**
247 Seiten. Kart. DM 44,80

Band 11   Theune, **Robuste und effiziente Methoden zur Lösung
von Wegproblemen**
238 Seiten. Kart. DM 44,80

Preisänderungen vorbehalten.

B. G. Teubner Verlagsgesellschaft
Stuttgart · Leipzig

TEUBNER-TEXTE zur Informatik

Band 12 Poplen, **Dienstvermittlung in Verteilten Systemen**
221 Seiten. Kart. DM 44,80

Band 13 Kirsche, **Datenbankkonversationen**
199 Seiten. Kart. DM 39,80

Band 14 Götze, **Dialogmodellierung für multimediale Benutzerschnittstellen**
341 Seiten. Kart. DM 54,80

Band 15 Keller/Paul, **Hardware Design**
415 Seiten. Kart. DM 59,80

Band 16 Zehendner, **Abbildung regulärer Algorithmen auf synchrone Prozessorarrays**
561 Seiten. Kart. DM 84,80

Band 17 Muscholl, **Über die Erkennbarkeit unendlicher Spuren**
114 Seiten. Kart. DM 36,80

Preisänderungen vorbehalten.

B. G. Teubner Verlagsgesellschaft
Stuttgart · Leipzig